电镀添加剂

配方
与制备技术

李东光　主编

DIANDU TIANJIAJI
PEIFANG YU ZHIBEI JISHU

U0258673

化学工业出版社
·北京·

内 容 简 介

　　《电镀添加剂配方与制备技术》收录了近几年的电镀添加剂产品配方222种，按照镀镍添加剂、镀锌添加剂、镀铜添加剂、镀锡添加剂等分类，详细介绍了相关产品的原料配方、制备方法、产品应用、产品特性等内容。

　　本书适合从事电镀添加剂生产、研发等的人员参考，并可供高等院校精细化工及相关专业的师生选用。

图书在版编目（CIP）数据

电镀添加剂配方与制备技术 / 李东光主编. — 北京：化学工业出版社，2024.1（2024.6重印）
ISBN 978-7-122-44511-7

Ⅰ.①电…　Ⅱ.①李…　Ⅲ.①电镀-助剂-配方②电镀-助剂-制备　Ⅳ.①TQ153

中国国家版本馆 CIP 数据核字（2023）第 226846 号

责任编辑：张　艳　　　　文字编辑：杨凤轩　师明远
责任校对：王　静　　　　装帧设计：王晓宇

出版发行：化学工业出版社
　　　　　（北京市东城区青年湖南街13号　邮政编码100011）
印　　装：北京虎彩文化传播有限公司
710mm×1000mm　1/16　印张15¾　字数294千字
2024年6月北京第1版第2次印刷

购书咨询：010-64518888　　　售后服务：010-64518899
网　　址：http://www.cip.com.cn
凡购买本书，如有缺损质量问题，本社销售中心负责调换。

定　　价：98.00元　　　　　　版权所有　违者必究

前　言

在电镀工业中，为了改善镀层性状以及获得光亮如镜的镀层，常于电镀液中加入少量电镀添加剂。电镀添加剂是加入电镀溶液中对镀液和镀层性质有特殊作用的一类化学品的总称。不同的添加物质，在电镀过程中起到不同的作用。能使镀层得到整平的叫整平剂或平滑剂，而能使镀层产生光泽的则叫光亮剂。电镀添加剂包括无机添加剂（如镀铜用的镉盐）和有机添加剂（如镀镍用的香豆素等）两大类。早期所用的电镀添加剂大多数为无机盐类，随后有机物才逐渐在电镀添加剂的行列中取得主导地位。

电镀添加剂在电镀工业也有其特殊作用。其效果表现在以下若干方面：

（1）扩宽电镀液的 pH、温度和电流密度的使用范围。

（2）对电镀中析出的金属粒子具有良好的分散性，有利于提高镀件表面的平滑度和光亮度。

（3）降低表（界）面张力有利于对镀件的润湿。

（4）促进在阴极表面产生的氢气尽快脱离，可防止镀件产生凹痕和针孔。

（5）经过表面活性剂清洗的镀件，其电镀效果明显改善。

按功能分类，电镀添加剂可分为络合剂、光亮剂、表面活性剂、整平剂、应力消除剂、除杂剂和润湿剂等，其中最重要的是光亮剂和表面活性剂。不同功能的添加剂一般具有不同的结构特点和作用机理，但多功能的添加剂也较常见，并且不同功能的添加剂也有可能遵循同一作用机理。

电镀添加剂对镀层质量起着至关重要的作用。它不但可以改变电极反应的过电压，使镀膜晶粒细化，改变晶体取向，而且可以改善镀膜的内应力、延展性、硬度等性能，对改善电镀效果具有显著作用。

随着电镀工业的发展，对镀件质量的要求愈来愈高，电镀添加剂的应用也愈来愈广，更体现出添加剂应用的重要性。因此，了解电镀添加剂的作用原理，科学选用各种添加物质，对改善镀层质量、提高电镀效率具有重要意义。电镀添加剂的进步也就标志着电镀工业的进步。

电镀添加剂技术发展日新月异，新产品竞争更加激烈，新配方层出不穷。为满足有关单位技术人员的需要，在化学工业出版社组织下，我们编写了《电镀添加剂配方与制备技术》，书中收录了近年的 222 种新产品、新配方，详细介绍原料配比、制备方法、产品特性等。可供从事化妆品科研、生产、销售人员的参考读物。

本书的配方以质量份数表示，在配方中有注明以体积份数表示的情况下，需注意质量份数与体积份数的对应关系，例如质量份数以 g 为单位时，对应的体积份数是 mL，质量份数以 kg 为单位时，对应的体积份数是 L，以此类推。

需要请读者们注意的是，我们没有也不可能对每个配方进行逐一验证，本书所列配方仅供参考。读者在参考本书进行试验时，应根据自己的实际情况本着先小试后中试再放大的原则，小试产品合格后才能往下一步进行，以免造成不必要的损失。

本书由李东光主编，参加编写的还有翟怀凤、李桂芝、吴宪民、吴慧芳、邢胜利、蒋永波、李嘉等。由于我们水平有限，书中疏漏之处在所难免，敬请广大读者提出宝贵意见。作者 Email 为 ldguang@163.com。

主编

2023 年 10 月

目 录

二、镀锌添加剂　/ 031

三、镀铜添加剂　/ 105

五、　其他添加剂　/ 197

一、镀镍添加剂

配方 **1** 镀镍光亮剂（一）

原料配比

原料		配比/(g/L)		
		1#	2#	3#
主光剂	丙烷磺酸吡啶鎓盐（PPS）	10	30	50
	丙炔醇丙氧基醚（PAP）	10	20	30
柔软剂	炔丙基磺酸钠（PS）	10	105	200
	S-羧乙基异硫脲鎓盐（ATPN）	1	5.5	10
润湿剂	丁二酸二己酯磺酸钠（MA-80）	20	60	100
	去离子水	加至1L	加至1L	加至1L

制备方法 将各组分原料混合均匀即可。

产品应用

原料		配比/(g/L)		
		1#	2#	3#
工作基液	硫酸镍（$NiSO_4 \cdot 6H_2O$）	200	260	320
	氯化镍（$NiCl_2 \cdot 6H_2O$）	45	50	55
	硼酸（H_3BO_3）	40	45	50
	糖精钠	0.8	0.9	1
	去离子水	加至1L	加至1L	加至1L

使用方法：

（1）取硫酸镍、氯化镍、硼酸、糖精钠和水配成工作基液；

（2）工作基液中添加 $1\sim6mL/L$ 镀镍光亮剂。调整 pH 值为 $4\sim5$；施镀温度为 $50\sim60℃$、电流密度为 $0.1\sim10A/dm^2$。

产品特性　本品原料易得，成本低廉，操作简单，施镀效果好，产品质量稳定。

配方 2　镀镍光亮剂（二）

原料配比

原料	配比/(g/L)						
	1#	2#	3#	4#	5#	6#	7#
丙炔磺酸钠	60	70	90	110	120	150	120
烯丙基磺酸钠	10	20	35	50	60	80	60
糖精	0.6	0.8	1	1.2	1.3	1.5	1.3
聚醚胺	1	3	7	11	12	20	12
有机多硫化合物	5	7	9	11	12	15	12
硼酸	10	14	18	21	25	30	25
十二烷基硫酸钠	—	—	—	—	—	—	1
去离子水	加至 1L	加至 1L	加至 1L	加至 1L	加至 1L	加至 1L	加至 1L

制备方法　将各组分原料混合均匀即可。

产品应用　所述的镀镍光亮剂的电镀方法为：

（1）按照 $0.1\sim1mL/L$ 的用量将镀镍光亮剂加入至镍溶液中，形成混合液；

（2）对混合液进行搅拌，搅拌速度为 $800\sim2000r/min$；

（3）混合液的温度为 $45\sim60℃$，pH 值为 $4.0\sim5.0$；

（4）电镀时向所述混合液中按照 $80\sim120mL/(kA \cdot h)$ 的消耗量补加镀镍光亮剂。

产品特性　本品中的几种物质不是简单的叠加，而是通过一定协同作用，利用各种物质的特性，起到相互促进的作用，副作用小，效果好。本品配方简单，容易获得，各种物质的用量少。本品能够降低镀层的孔隙率，提高镀层的光亮度，增强镀液的分散能力，增加镀层的延展性，使镀层获得良好的低电流密度区的覆盖能力。

配方 **3** 镀镍用光亮剂

原料配比

原料	配比/(g/L)					
	1♯	2♯	3♯	4♯	5♯	6♯
糖精钠	100	120	110	105	115	112
对甲苯磺酰胺	40	60	50	45	55	57
羟基丙烷磺酸吡啶鎓盐	45	60	52	56	58	54
羟乙基炔丙基醚	30	40	35	35	38	38
炔丙基磺酸钠	5	10	7.5	8.5	8.5	8
乙烯基磺酸钠	0.5	2	1.2	0.7	1.8	1.3
去离子水	加至1L	加至1L	加至1L	加至1L	加至1L	加至1L

制备方法

（1）根据配方称取光亮剂各组分的质量；

（2）将对甲苯磺酰胺用适量60℃的温水溶解；

（3）将糖精钠、羟基丙烷磺酸吡啶鎓盐、羟乙基炔丙基醚、炔丙基磺酸钠、乙烯基磺酸钠用适量水溶解；

（4）混合这两种溶液并加水调制至预设的体积，即配成光亮剂的溶液。

产品应用　使用镀镍光亮剂的电镀方法：按照0.8～2mL/L的用量将镀镍光亮剂加入至镍溶液中，充分混合后成镍电镀液；电镀时向所述镍电镀液中按照130～180mL/(kA·h)的消耗量补加镀镍光亮剂。所述镀镍光亮剂的电镀温度为40～60℃，电镀电流密度为3～5A/dm²，电镀的pH为3.5～4.5。

产品特性　本品可降低镀层的孔隙率，提高镀层的光亮度，增强镀液的分散能力和深镀能力。

配方 **4** 复合镀镍光亮剂

原料配比

原料		配比（质量份）		
		1♯	2♯	3♯
酒石酸锑钾		300	200	100
脂肪胺	乙二胺	10	—	—
	二甲胺	—	—	6
	四乙烯五胺	—	12	—

续表

原料		配比（质量份）		
		1#	2#	3#
萘基磺酸盐		40	12	8
亚硫酸氢钠		20	15	8
2-巯基苯并咪唑		40	15	10
聚乙二醇	分子量为12000	60	—	9
	分子量为6000	—	14	—
乳酸		10	7	6
苯甲酸钠		—	5	3
水		300	200	300

制备方法　将各组分原料混合均匀即可。

产品特性　本品不仅镀镍效果好，而且纤维硬度高、磨损量低、腐蚀速率慢。

配方 5 　镀镍添加剂

原料配比

原料		配比/(g/L)							
		1#	2#	3#	4#	5#	6#	7#	8#
初级光亮剂	丙炔磺酸钠	60	70	90	110	120	140	150	120
辅助光亮剂	烯丙基磺酸钠	10	20	35	50	60	70	80	60
湿润剂	2-乙基己基硫酸酯钠盐	10	14	19	25	30	40	50	30
	聚氧乙烯烷基酚醚硫酸钠盐	10	14	19	25	30	40	50	30
添加剂	糖精	—	—	—	—	—	—	—	1.3
聚醚胺		1	3	7	11	12	15	20	12
低区走位剂	有机多硫化合物	5	7	9	11	12	12	15	12
硼酸		10	14	18	21	25	28	30	25
去离子水		加至1L	加至1L	加至1L	加至1L	加至1L	加至1L	加至1L	加至1L

制备方法　将各组分原料混合均匀即可。

产品应用　电镀方法如下：

（1）按照0.1～1mL/L的用量将镀镍添加剂加入至镍溶液中，形成混合液；

（2）对混合液进行搅拌，搅拌速度为 800～2000r/min；

（3）混合液的温度为 45～60℃，pH 值为 4.0～5.0；

（4）电镀时向所述混合液中按照 80～120mL/(kA・h) 的消耗量补加镀镍添加剂。

产品特性

（1）本品降低镀层的孔隙率，提高镀层的光亮度，增强镀液的分散能力，增加镀层的延展性，防止镀层产生针孔和麻点。

（2）将本品的镀镍添加剂加入至镍溶液中，形成混合液，并对混合液进行搅拌，控制混合液的温度和 pH，不仅可以减少镀镍添加剂的用量，还提高了镀层的质量。

（3）本品副作用少，效果好，使镀层获得良好的低电流密度区的覆盖能力。

配方 **6** 钢铁件直接镀镍用光亮剂

原料配比

原料	配比/(g/L)					
	1#	2#	3#	4#	5#	6#
羟基丙烷磺酸吡啶鎓盐	250	270	300	250	270	300
N,N-二乙基丙炔胺硫酸盐	22	23	24	22	23	24
丙氧基丁炔二醇	60	55	50	60	55	50
丙炔醇甘油醚	6	7	8	6	7	8
丙炔基磺酸钠	40	30	35	40	30	35
葫芦脲	0.1	0.15	0.1	0.2	0.15	0.1
3-巯基丙烷磺酸钠	3	4	4.5	3	4	4.5
去离子水	加至 1L	加至 1L	加至 1L	加至 1L	加至 1L	加至 1L

制备方法

（1）准确称取羟基丙烷磺酸吡啶鎓盐、N,N-二乙基丙炔胺硫酸盐、丙氧基丁炔二醇、丙炔醇甘油醚、丙炔基磺酸钠、葫芦脲、3-巯基丙烷磺酸钠；

（2）将（1）中称取好的原料倒入容器中，加去离子水至 1L，加热至 50～60℃，搅拌均匀，待冷却至室温后，灌装入避光容器中。

产品特性　该光亮剂可以在钢铁制件上镀出结合力好、韧性好、光亮、平整、均匀的镀镍层，且镀镍液对钢铁制件特别是管型、深凹型的工件没有腐蚀性。

配方 7 高光亮镀镍光亮剂

原料配比

原料	配比（质量份）								
	1#	2#	3#	4#	5#	6#	7#	8#	9#
电镀液	90	120	110	100	105	93	103	118	109
甲基丁炔醇	50	20	30	40	35	23	32	42	33
十二烷基三甲基氯化铵	45	25	30	40	35	28	39	38	37

制备方法 将各组分原料混合均匀即可。

产品应用 使用方法是：将光亮剂的 pH 值调整到 4.5，将镀件放入本品光亮剂中按常规的镀覆方法施镀。

产品特性 本品具有镀层光亮、装饰性好等特点。同时不含铅、镉，镀液稳定，镀层均匀、走位佳。硬度好，原料成本低廉。

配方 8 滚镀镍柔软剂

原料配比

原料	配比/（g/L）			
	1#	2#	3#	4#
糖精钠	30	60	45	50
丙炔磺酸钠	0.5	5	2.75	3.5
2-乙基己基硫酸钠	0.1	1	0.55	0.5
羧乙基异硫脲内盐	0.01	0.5	0.25	0.2
丙烯基磺酸钠	20	50	35	30
异硫脲丙磺酸内盐	0.01	1	0.45	0.8
去离子水	加至 1L	加至 1L	加至 1L	加至 1L

制备方法

（1）在搅拌桶内加入配方量 2/3 的去离子水，边搅拌边加入糖精钠，至完全溶解；

（2）搅拌状态下依次加入丙炔磺酸钠、2-乙基己基硫酸钠、丙烯基磺酸钠，至完全溶解调成主液；

（3）另取适量温水溶解异硫脲丙磺酸内盐和羧乙基异硫脲内盐，溶解好后加入主液中，充分搅拌均匀，使用的温水为 20～60℃；

（4）调整 pH 值为 4.5～5.0，加入余量去离子水至所需体积，最后过滤灌装，即得。

产品特性 本品可有效增加镀层的柔软性和走位，降低消耗量，减少镀层脆性，能够使镀层与紧固件本体紧密结合，施镀效果良好，本品滚镀镍柔软剂使用范围广，适合用作各种滚镀镍光亮剂，与主光剂同时使用会使镀层柔和丰满。

配方 **9** 滚镀镍主光剂

原料配比

原料	配比/(g/L)			
	1#	2#	3#	4#
乙氧化丁炔二醇	1	5	3.5	3.9
N,N-二乙基丙炔胺甲酸盐	0.5	4	2.5	2
吡啶-2-羟基丙磺酸内盐	5	15	10	12
丙炔磺酸钠	3	10	6.5	5
丙氧化丙炔醇	2	8	5	4
丙烯基磺酸钠	6	20	13	10
羧乙基异硫脲内盐	0.05	1	0.5	0.1
去离子水	加至 1L	加至 1L	加至 1L	加至 1L

制备方法

（1）在搅拌釜内加入配方量 2/3 的去离子水，边搅拌边加入乙氧化丁炔二醇，至完全溶解；

（2）搅拌状态下依次加入 N,N-二乙基丙炔胺甲酸盐、吡啶-2-羟基丙磺酸内盐、丙炔磺酸钠、丙氧化丙炔醇、丙烯基磺酸钠、羧乙基异硫脲内盐，至完全溶解；

（3）调整 pH 值为 4.5～5.0，加入余量去离子水至所需体积，最后过滤灌装，即得。

产品特性 本品配制方法简单，易于操作且成本低廉，制得的滚镀镍主光剂能够使镀层与紧固件本体紧密结合，可适用于较宽电流密度范围，镀层光亮，镀镍效果好。

配方 **10** 环保光亮型化学镀镍添加剂

原料配比

原料		配比/(g/L)		
		1#	2#	3#
络合剂	乳酸	300（体积份）	200（体积份）	50（体积份）
	柠檬酸钠	50	50	200
	苹果酸	50	50	100
稳定剂	碘酸钾	0.4	0.2	0.3
	硫代硫酸钠	0.1	0.2	0.1
光亮剂	胱氨酸	0.05	0.1	0.1
	硫酸铜	0.5	1	1.5
	丙炔镍盐	5（体积份）	3（体积份）	4（体积份）
表面活性剂	十二烷基硫酸钠	0.4	—	—
	十二烷基苯磺酸钠	—	0.2	—
	正辛基硫酸钠	—	—	0.3
缓冲剂	醋酸钠	400	350	300
去离子水		加至1L	加至1L	加至1L

制备方法

（1）按配制环保光亮型化学镀镍添加剂的体积，计算出所需的络合剂、稳定剂、光亮剂、表面活性剂和缓冲剂的质量并进行称量；

（2）将上述成分用去离子水溶解；

（3）将溶解后的各种成分均匀混合，加去离子水至规定体积，必要时过滤掉成分中的杂质。

产品应用 本品主要用于食品机械、模具、炊具、水暖阀门、缝制机械、汽摩配件、电子产品等，用于金属材料表面强化保护与装饰技术领域。用量为每升镀液中添加10～20mL。

具体的使用过程为：

（1）分别将作为主盐、还原剂的硫酸镍、次磷酸钠配制成500g/L浓度的溶液，硫酸镍、次磷酸钠选用符合国家标准的合格产品；

（2）在洁净的镀槽中加入规定体积一半的去离子水或洁净水，将上述已经溶解的溶液按硫酸镍为20～30g/L、次磷酸钠为20～35g/L的浓度依次在搅拌的条件下加入镀槽；

（3）加入本产品的环保光亮型化学镀镍添加剂10～20mL/L，加去离子水至规定体积，必要时过滤除去杂质；

（4）用氢氧化钠或氨水或冰醋酸调整 pH 值至 4.0～5.1 即可在升温至 82～88℃的条件下施镀，镀液可按消耗量不断补加连续施镀。

产品特性

（1）本产品的环保光亮型化学镀镍添加剂不使用铅、镉等有毒重金属离子作稳定剂、光亮剂，因此采用该添加剂沉积出的镀层环保，可达到欧盟 ROHS 标准。

（2）将本产品添加到配制的镀液中不仅可自催化沉积出致密、全光亮、均匀的镍磷二元合金镀层，而且镀液的深镀、均镀能力较强。

（3）本产品不仅使用方便，添加量少，成本低，而且便于储存和运输。

（4）采用本产品可以减少镀层针孔的形成，降低镀层孔隙率，改善镀层性能，镀层外观达到全光亮，从而提高其耐蚀性和装饰性。

配方 11 环保型镀镍光亮剂

原料配比

原料	配比/（g/L）
硫酸镍	50
苯亚磺酸钠	20
丙基磺酸钠	20
1,4-丁炔二醇	15
香豆素	8.0
季铵盐表面活性剂	0.01
乳酸	0.01
硫酸铜	0.0015
氨水	适量
去离子水	加至 1L

制备方法 将各组分原料混合均匀即可。

（1）准确称取硫酸镍、苯亚磺酸钠、丙基磺酸钠、1,4-丁炔二醇、香豆素、季铵盐表面活性剂、乳酸、硫酸铜所需的量。

（2）用离子水使固体中间体完全溶解、黏稠液体稀释成稀溶液，操作用水量控制在配制溶液体积的 3/4 左右，不能超过规定体积。

（3）用 1:1 氨水调整 pH 值到 4.5～6.0，用水稀释至规定体积得到产品。

产品应用 使用方法：

（1）将被镀物件进行化学除油除锈处理，烘干。

（2）将配好的镀液放入恒温水浴锅中加热至 80～100℃，用量筒量取所需已配好的光亮剂溶液并加入镀液中，再将经前处理好的被镀件固定，悬挂在镀液中央，施镀，约 10～15min 取出，即可。

产品特性 该环保型镀镍光亮剂具有镀液结构稳定、镀层结合力好、镀层的腐蚀性优良、光亮剂使用量少等特点。

配方 **12** 环保型高光亮中磷化学镀镍添加剂

原料配比

	原料	配比/(g/L)
添加剂 A	纳米铜和可溶性铜盐的混合物	2～5
	硫酸铼	2～4
	烯丙基磺酸钠（ALS），络合剂，稳定剂	1～4
	NaOH	20～40
	去离子水	加至 1L
添加剂 B	丁炔二醇二乙氧基醚（BEO）	1～4
	N,N-二乙基丙炔胺（DEP）	1～3
	双苯磺酰亚胺（BBI）	1～4
	羟甲基磺酸钠（PN）	2～4
	去离子水	加至 1L

制备方法

（1）将纳米铜、可溶性铜盐、硫酸铼、烯丙基磺酸钠（ALS）、络合剂、稳定剂、NaOH 一起混合在水中形成添加剂 A。

（2）将丁炔二醇二乙氧基醚（BEO）、N,N-二乙基丙炔胺（DEP）、双苯磺酰亚胺（BBI）、羟甲基磺酸钠（PN）一起混合在水中形成添加剂 B。

原料介绍 所述的络合剂为柠檬酸、乳酸、丙酸、DL-苹果酸、丁二酸的混合物。

所述的稳定剂为二氧化碲、柠檬酸铋、硫脲、碘酸钾的混合物。

所述的可溶性铜盐为硫酸铜，纳米铜和硫酸铜的混合物中，硫酸铜的质量分数为 50%～57%。

所述的络合剂各成分的含量为：柠檬酸 2.5～8g/L，乳酸 12～70g/L，丙酸 5～40g/L，DL-苹果酸 2～10g/L，丁二酸 2～8g/L。

所述的稳定剂各成分含量为：二氧化碲 0.001～0.0017g/L，柠檬酸铋 0.1～0.3g/L，硫脲 0.3～0.5g/L，碘酸钾 0.2～0.5g/L。

产品应用 使用方法为：在每一个施镀周期，向每升镀液中分别添加 0.5～

10mL 的添加剂 A 和 B。化学镀镍溶液的工作温度是 88～92℃。化学镀镍溶液的 pH 范围是 4.5～4.9。化学镀镍溶液的施镀装载量为 0.5～2.5dm²/L。

镀液使用实例如下。

原料	配比/(g/L)		
	1#	2#	3#
硫酸镍	20	22	25
次亚磷酸钠	25	28	30
结晶乙酸钠	12	15	10
乳酸	10（体积份）	8（体积份）	5（体积份）
硫酸铜	0.001	0.001	0.001
添加剂 A	4（体积份）	2（体积份）	6（体积份）
添加剂 B	4（体积份）	6（体积份）	2（体积份）
去离子水	加至 1L	加至 1L	加至 1L

配制镀液：将上述计算量的各种药品按镀液的体积分别称量出来，再用去离子水使固体药品完全溶解，黏稠液体药品稀释成稀溶液。要先将硫酸镍与乙酸钠、乳酸混合溶解，再与已经溶解好的次亚磷酸钠溶液混合，控制操作用水的量在配制溶液体积的 3/4 左右，不能超过规定体积。最后用 1:1 氨水调整 pH 值至 4.5 后稀释至规定体积。

产品特性 添加本添加剂能使镀层达到全光亮的效果，并且出光速度快，一般 3min 左右开始呈半光亮，10min 便能达到镜面效果。且光亮剂用量少，镀液始终保持稳定的状态，镀层结合力良好，镀层的耐腐蚀性优良。

配方 **13** 环保型高磷化学镀镍添加剂

原料配比

原料			配比/（mg/L）					
			1#	2#	3#	4#	5#	6#
A组分	可溶性铜盐	二水合氯化铜和硫酸铜的混合物（硫酸铜为 50%）	2	—	—	—	2	—
		二水合氯化铜和硫酸铜的混合物（硫酸铜为 57%）	—	2.8	3.6	4.5	—	5
	硫酸铈		2	3	2.7	3	2	4
	钼酸铵		1	3	2.9	2.5	1	4

续表

原料			配比/（mg/L）					
			1♯	2♯	3♯	4♯	5♯	6♯
A组分	络合剂	酒石酸与柠檬酸混合物（1:10）	11g/L	—	—	—	—	—
		酒石酸与柠檬酸混合物（2:15）	—	17g/L	14g/L	19g/L	—	23g/L
		酒石酸与柠檬酸混合物（1:8）	—	—	—	—	11	—
B组分	PAP（丙炔醇丙氧基化合物）		3	1.9	1.5	1.9	1	4
	DEP（N,N-二乙基丙炔胺）		2	3.1	2.7	2.8	1	3
	PPS（丙烷磺酸吡啶鎓盐）		2	3.3	3.8	3.1	1	4
	BTA（苯并三氮唑）		3	2.7	2.6	2.2	2	4

制备方法

（1）可溶性铜盐、硫酸铈、钼酸铵、络合剂一起混合在水中形成添加剂 A。

（2）PAP、DEP、PPS、BTA 一起混合在水中形成添加剂 B。

产品应用　本添加剂应用于化学镀镍液中的方法为：在每一个施镀周期，向每升镀液中分别添加 0.5～1.5mL 的 A 组分和 B 组分。化学镀镍液的工作温度是 85～94℃。化学镀镍液的 pH 范围是 4.5～4.9。

产品特性　本品配方中不含铅、镉等重金属离子，无毒无害，对环境友好；该添加剂应用到化学镀镍液中，镀液稳定，所得镀层致密，孔隙率低，耐硝酸性能好，在浓硝酸中浸泡 5min 镀镍层不会变色。

配方 **14** 环保型铝合金快速化学镀镍磷添加剂

原料配比

原料		配比/（g/L）			
		1♯	2♯	3♯	4♯
A组分	氧化钇	0.03	0.04	0.02	0.045
	氧化镱	0.03	0.02	0.04	0.025
	四硼酸钠	0.3	0.4	0.5	0.35

原料		配比/(g/L)			
		1#	2#	3#	4#
A组分	1∶1稀硫酸	40（体积份）	35（体积份）	30（体积份）	40（体积份）
	去离子水	加至1L	加至1L	加至1L	加至1L
B组分	DL-苹果酸	4	3	5	2
	氨基丙酸	4	2	3	5
	亚甲基丁二酸	4	3	5	4
	乙二胺	2	1.5	0.5	1
	乳酸	40	30	50	45
	去离子水	加至1L	加至1L	加至1L	加至1L
C组分	硫酸铜	0.002	0.001	0.003	0.0025
	酒石酸锑钾	0.002	0.001	0.0005	0.0015
	钼酸铵	0.002	0.003	0.004	0.0035
	烯丙基碘	0.006	0.005	0.0055	0.0065
	去离子水	加至1L	加至1L	加至1L	加至1L
D组分	双苯磺酰亚胺（BBI）	0.002	0.003	0.001	0.0025
	N,N-二乙基丙炔胺（DEP）	0.002	0.001	0.003	0.0025
	乙烯基磺酸钠（VS）	0.002	0.002	0.003	0.0025
	烯丙基磺酸钠（SAS）	0.002	0.003	0.001	0.0025
	去离子水	加至1L	加至1L	加至1L	加至1L

制备方法

（1）A组分制备：将分别称量好的氧化钇、氧化镱、1∶1稀硫酸按顺序置于容器中，加热搅拌至溶解，再加入四硼酸钠，用去离子水稀释到所需体积得到浓缩液A；

（2）B组分制备：将称量好的DL-苹果酸、氨基丙酸、亚甲基丁二酸、乙二胺、乳酸加入容器中，再加入去离子水到所需体积，均匀搅拌至溶解，得到浓缩液B；

（3）C组分制备：先将称量好的酒石酸锑钾、钼酸铵、烯丙基碘置于容器中混合，加入少量去离子水溶解后，再向溶液中加入硫酸铜并均匀搅拌至溶解，用去离子水稀释到所需体积得到浓缩液C；

（4）D组分制备：将称量好的BBI、DEP、VS、SAS混合后加入容器中，再加入去离子水稀释到所需体积，均匀搅拌至溶解得到浓缩液D。

产品应用　应用方法：

（1）应用到化学镀镍-磷溶液中，每一个施镀周期，分别取0.5～8mL浓缩液A、B、C、D混合成添加剂，加入1L镀液中即可。

（2）镀前预处理：除油（丙酮）—水洗—碱洗—水洗—浸锌—流水清洗。

（3）施镀：将配好的镀液放入恒温水浴锅中加热至88℃，用量筒分别量取已配好的浓缩液A、B、C、D并混合成添加剂，加入镀液中。调整镀液pH值为4.5，开始施镀。

产品特性

（1）本品中A组分主要起加速作用，B组分主要起与主盐络合作用，C组分主要起稳定镀液作用，D组分主要起镀层光亮、整平与镀液抗杂质作用。

（2）本品添加剂获得的镀层为高度非晶状态，且镀层致密均匀、平整光亮，镀层耐硝酸腐蚀的时间超过5min，符合特殊环境下工件耐蚀性能要求。

（3）本品添加剂不含有有害化学物质铅、镉等重金属离子，属于环境友好型添加剂，对保护环境和人类健康有促进作用。

配方 **15** 环保型镀镍防锈封闭剂

原料配比

原料	配比（质量份）	
	1#	2#
硅酸锂（模数 SiO_2/Li_2O 为 4.8）	10.0	8
硅酸钠（模数 SiO_2/Na_2O 为 3.3）	1.5	1
钼酸钠	1.0	0.8
植酸钠	0.5	0.6
苯并三氮唑	0.1	0.2
聚乙二醇6000	0.4	0.5
聚乙烯醇1788	0.5	0.6
三乙醇胺	1.5	0.2
去离子水	加至100	加至100

制备方法

（1）首先根据需要配制的防锈封闭剂质量，按其组分的质量份数称量出各组分；

（2）将三乙醇胺、钼酸钠、植酸钠、苯并三氮唑溶于约1/3、50~60℃的去离子水中，在搅拌下使其溶解、混合；

（3）将聚乙烯醇和聚乙二醇加入约1/3去离子水中，不断搅拌，并在水浴中以每min升温10~20℃，缓慢加热到80~90℃，直至聚乙烯醇、聚乙二醇完全溶解，再搅拌15~25min；

（4）将硅酸锂、硅酸钠水溶液溶于约1/4去离子水中，搅拌至混合均匀，加入到上述（3）所得溶液中，搅拌至混合均匀；

（5）加入剩余的去离子水到预设量，静止过滤即可得成品。

产品应用　使用方法：

（1）镀镍零件前处理：除油，水洗，活化处理，水洗；

（2）浸涂防锈封闭剂，温度为40～60℃，时间为5～15min；

（3）自然干燥或60～80℃，10～15min烘干，形成透明封闭膜。

产品特性　该镀镍防锈封闭剂环保、安全，稳定性好，不容易产生凝胶，对钢铁镀镍零件有显著的防腐蚀效果。耐中性盐雾试验≥72h。

配方 16　镁合金化学镀镍复合添加剂

原料配比

<table>
<tr><td rowspan="2" colspan="2">原料</td><td colspan="6">配比/(g/L)</td></tr>
<tr><td>1#</td><td>2#</td><td>3#</td><td>4#</td><td>5#</td><td>6#</td></tr>
<tr><td rowspan="2">含炔基的醇加成物</td><td>乙氧基化丙炔醇</td><td>5</td><td>1</td><td>—</td><td>2</td><td>—</td><td>—</td></tr>
<tr><td>二乙基丙炔胺甲酸盐</td><td>—</td><td>—</td><td>1</td><td>—</td><td>—</td><td>—</td></tr>
<tr><td rowspan="6">吡啶衍生物</td><td>苄基-甲基炔醇吡啶内盐</td><td>2</td><td>—</td><td>—</td><td>—</td><td>—</td><td>—</td></tr>
<tr><td>吡啶鎓羟丙磺基甜菜碱</td><td>—</td><td>—</td><td>—</td><td>—</td><td>5</td><td>5</td></tr>
<tr><td>丙炔醇加成物</td><td>—</td><td>—</td><td>—</td><td>—</td><td>2</td><td>—</td></tr>
<tr><td>丙基炔醇吡啶内盐</td><td>—</td><td>—</td><td>—</td><td>—</td><td>—</td><td>3</td></tr>
<tr><td>苄基-丙基炔醇吡啶内盐</td><td>—</td><td>10</td><td>—</td><td>—</td><td>—</td><td>—</td></tr>
<tr><td>丙炔-3-磺丙基醚钠盐</td><td>—</td><td>—</td><td>—</td><td>1</td><td>—</td><td>—</td></tr>
<tr><td rowspan="4">烯基磺酸盐</td><td>炔醇基磺酸钠盐</td><td>—</td><td>—</td><td>—</td><td>—</td><td>3</td><td>—</td></tr>
<tr><td>吡啶鎓丙烷磺基甜菜碱</td><td>—</td><td>—</td><td>10</td><td>—</td><td>—</td><td>—</td></tr>
<tr><td>丙炔基氧代羟丙烷磺酸钠</td><td>10</td><td>1</td><td>1</td><td>—</td><td>—</td><td>—</td></tr>
<tr><td>丙烯基磺酸钠</td><td>—</td><td>—</td><td>—</td><td>1</td><td>—</td><td>—</td></tr>
<tr><td rowspan="5">润湿剂</td><td>琥珀酸酯钠盐</td><td>3</td><td>1</td><td>—</td><td>—</td><td>—</td><td>—</td></tr>
<tr><td>磺基丁二酸二戊酯钠盐</td><td>—</td><td>—</td><td>1</td><td>—</td><td>—</td><td>—</td></tr>
<tr><td>乙烯基磺酸钠</td><td>—</td><td>—</td><td>—</td><td>—</td><td>1</td><td>1</td></tr>
<tr><td>LB低泡润湿剂</td><td>—</td><td>—</td><td>—</td><td>1</td><td>—</td><td>—</td></tr>
<tr><td>2-乙基己基硫酸钠</td><td>—</td><td>—</td><td>—</td><td>—</td><td>10</td><td>10</td></tr>
<tr><td colspan="2">去离子水</td><td>加至1L</td><td>加至1L</td><td>加至1L</td><td>加至1L</td><td>加至1L</td><td>加至1L</td></tr>
</table>

制备方法　将各组分原料混合均匀即可。

产品应用　本品主要是一种镁合金化学镀镍用添加剂。用于碳酸镍、硫酸镍、醋酸镍为主盐的酸性或中性化学镀镍液中，按1～10mL/L将复合添加剂混合进化学镀镍液中，充分混合后即可以按照原来的化学镀镍工艺进行生产。

使用时采用以下工艺对镁合金试样进行化学镀镍处理：

（1）采用碱性除油溶液除去镁合金制件表面的油污，然后水洗；

（2）采用酸洗活化一步法对镁合金表面成膜后水洗；

（3）在碳酸镍为主盐的镁合金化学镀镍液中添加 2mL 该复合添加剂，正常工艺下施镀 30min；

（4）冷风吹干。

产品特性

（1）环保。所有成分均为无毒或低毒化合物，不含六价铬和铅、镉等重金属。

（2）成本低，经济性好。溶液所含成分无贵重金属，而且均为常规商品化产品，购置方便。

（3）工序简单。使用本品无须更改原有工艺便可有效提高深孔的覆盖率，有效提高对镁合金的防护性能。

配方 **17** 耐腐蚀电镀镍层封闭剂

原料配比

原料		配比（质量份）		
		1#	2#	3#
异己二醇		85	90	95
碳酸型季铵盐	甲基碳酸酯季铵盐	2	1	0.5
硼酸酯型防锈添加剂	三乙醇胺硼酸酯	3	—	—
	单乙醇胺硼酸酯	—	1	1
A 剂		7	5	2.5
B 剂		3	3	1
A 剂	三乙醇胺	70	60	70
	苯并三氮唑	30	40	30
B 剂	硼酸	10	5	10
	聚乙二醇（PEG）	20	15	20
	醇胺	20	25	20
	矿物油	50	45	50

制备方法 首先按比例，配制好 A 剂，混合均匀后，再加入异己二醇、硼酸酯型防锈添加剂、配制好的 B 剂并混合均匀。

产品应用 使用方法：使用时，按封闭剂与水的比例为（1∶10）～（1∶20）

配制出封闭剂乳化液，使其处于 20～40℃ 的温度环境，将含镍镀层的金属制件浸渍 1～10min，即可使得孔隙表面获得良好的封闭性，保护其免受周遭环境的侵蚀。

产品特性

（1）此封闭剂的工作液为乳化液体系，针对镀镍层具有较高的耐腐蚀性，不含甲醛、苯、重金属等有害物质；

（2）封闭膜层致密性好，附着性强，超长的耐盐雾试验时间。

配方 18 全光亮镀镍柔软剂

原料配比

原料	配比/（g/L）			
	1#	2#	3#	4#
糖精钠	15	30	22	25
丙炔磺酸钠	0.5	5	2.75	3
丙烯基磺酸钠	20	50	35	30
吡啶-2-羟基丙磺酸内盐	2	10	6	8
异硫脲丙磺酸内盐	0.1	3	1.25	2
去离子水	加至1L	加至1L	加至1L	加至1L

制备方法

（1）在搅拌桶内加入配方量 2/3 的去离子水，边搅拌边加入糖精钠，至完全溶解；

（2）搅拌状态下依次加入丙炔磺酸钠、吡啶-2-羟基丙磺酸内盐、丙烯基磺酸钠，至完全溶解后调成主液；

（3）另取适量温水溶解异硫脲丙磺酸内盐，溶解好后加入主液中，充分搅拌均匀；使用的温水为 20～60℃；

（4）调整 pH 值为 4.5～5.0，加入余量去离子水至所需体积，最后过滤灌装，即得。

产品特性　本品可有效增加镀层的柔软性和走位，降低消耗量，减少镀层脆性，能够使镀层与紧固件本体紧密结合；本品的配制方法简单，易于操作且成本低廉。本品使用范围广，适用于各种镀镍光亮剂，与主光剂同时使用会使镀层柔和丰满。

配方 19 全光亮镀镍主光剂

原料配比

原料	配比/(g/L)			
	1#	2#	3#	4#
乙氧化丁炔二醇	3	15	8	10
N,N-二乙基丙炔胺甲酸盐	2	8	4	5
吡啶-2-羟基丙磺酸内盐	10	30	15	20
丙炔磺酸钠	5	20	10	15
1-(3-磺丙基)吡啶内盐	3	10	6	8
磺基丁炔醚钠盐	0.5	3	2	1
1-丙炔基甘油醚	1	5	2	3
去离子水	加至1L	加至1L	加至1L	加至1L

制备方法

（1）在搅拌桶内加入配方量 2/3 的去离子水，边搅拌边加入乙氧化丁炔二醇，至完全溶解；

（2）搅拌状态下依次加入 N,N-二乙基丙炔胺甲酸盐、吡啶-2-羟基丙磺酸内盐、丙炔磺酸钠、1-(3-磺丙基)吡啶内盐、磺基丁炔醚钠盐、1-丙炔基甘油醚，至完全溶解；

（3）调整 pH 值为 4.5～5.0，加入余量去离子水至所需体积，最后过滤灌装，即得。

产品应用 本品主要是一种全光亮镀镍主光剂，用于较宽电流密度范围。

产品特性 本品配制方法简单，易于操作且成本低廉，制得的全光亮镀镍主光剂能够使镀层与紧固件本体紧密结合，可适用于较宽电流密度范围，镀层光亮，镀镍效果好。

配方 20 水电解极板镀镍添加剂

原料配比

原料		配比（质量份）			
		1#	2#	3#	4#
羟基羧酸	α-羟基乙酸	20	—	—	—
	2-羟基丙三羧酸	—	15	—	—

原料		配比（质量份）			
		1#	2#	3#	4#
氨基羧酸	二氨基单羧酸	—	—	25	—
	氨基环丙烷羧酸	—	—	—	15
乳酸		10	15	12	8
缓蚀剂	苯并三氮唑	0.1	—	—	—
	碘化钾	—	0.2	—	0.1
	甲基苯并三唑	—	—	0.05	—
表面活性剂	十二烷基硫酸钠	0.3	—	—	—
	十二烷基苯磺酸钠	—	0.2	—	0.8
	正辛基硫酸钠	—	—	0.1	—
缓冲剂	醋酸钠	20	25	30	20
光亮剂	1,4-丁炔二醇	1	1.5	—	1.5
	三芳基甲烷	—	—	0.8	—
去离子水		加至 100	加至 100	加至 100	加至 100
添加剂	氢氧化钠调节 pH 值	4	—	—	—
	氨水调节 pH 值	—	4.5	—	4.1
	冰醋酸调节 pH 值	—	—	5	—

制备方法　将各组分原料混合均匀即可。

产品应用　本品是一种对碳钢极板的表面进行镀镍处理时所添加的辅助剂。使用量为每升电镀液中添加 8～15mL。

产品特性　本品以缓蚀剂、表面活性剂、光亮剂作为辅助成分，缓蚀剂可以进一步提高镀镍层的耐腐蚀性，表面活性剂可以明显提高镀镍层的表面张力使得镀镍层更加均匀、致密，光亮剂可以提高镀镍层表面的光亮度。本品可以使得镀镍层致密、均匀、光亮，结合强度高，耐腐蚀性更强。

配方 **21** 水溶性高效镀镍防锈封闭剂

原料配比

原料	配比（质量份）		
	1#	2#	3#
纳米硅丙乳液	10	6	8
苯并三氮唑	0.2	0.4	0.3
钼酸钠	1.0	—	—

续表

原料	配比（质量份）		
	1#	2#	3#
钼酸铵	—	0.6	—
钨酸钠	—	—	1
植酸钠	0.5	0.6	0.5
十二烷基苯磺酸钠	0.05	0.1	0.1
吐温-80	0.2	0.1	0.2
乙醇	10.0	6	7
三乙醇胺	2.0	1	1.5
去离子水	加至100	加至100	加至100

制备方法

（1）根据需要配制的防锈封闭剂质量，按其组分及其质量份数称量出各组分；

（2）将量取的纳米硅丙乳液加入大约1/2去离子水中，在搅拌下使其充分混溶；

（3）将苯并三氮唑加入乙醇中，搅拌溶解，加入（2）所得的溶液中；

（4）将三乙醇胺、钼酸钠（或钼酸铵或钨酸钠）、植酸钠、十二烷基苯磺酸钠、吐温-80依次溶于大约1/3去离子水中，混合均匀，加入（3）所得溶液中，不断搅拌，使其充分混溶；

（5）将去离子水加到所需体积，静止过滤即可制得成品。

产品应用　使用方法：

（1）镀镍零件前处理：除油，水洗，活化处理，水洗；

（2）浸涂防锈封闭剂，温度室温，时间为5～10min；

（3）自然干燥或60～80℃，烘烤10～15min，形成透明封闭膜。

产品特性　本品干燥速度快，黏结力强，成膜致密、透明，耐水、耐老化性能良好，有优良的耐腐蚀性能。

配方 **22** 用于铁氧体镀镍光亮剂

原料配比

原料	配比/（g/L）
硫酸镍	25
次亚磷酸钠	25

原料	配比/(g/L)
酒石酸钠	20
氯化铵	25
氟化氢铵	8
十二烷基磺酸钠	0.15
糖精	1.0
去离子水	加至1L

制备方法

（1）准确称取所述的溶液质量比。

（2）用离子水或使固体中间体完全溶解，黏稠液体稀释成稀溶液，操作用水量控制在配制溶液体积的 3/4 左右，不能超过规定体积。

（3）用 1∶1 氨水调整 pH 值到 8.5～9.0，用水稀释至规定体积。

产品应用 使用方法如下。

（1）将被镀物件进行化学除油除锈处理，烘干。

（2）将配好的镀液放入恒温水浴锅中加热至 80～100℃，用量筒量取所需已配好的光亮剂溶液加入镀液中，再将经前处理好的被镀件固定，悬挂在镀液中央，施镀，约 10～15min 取出，即可。

产品特性 该铁氧体镀镍光亮剂具有镀液结构稳定，镀层结合力好，镀层的腐蚀性优良，镀层硬度高，且光亮剂使用量少等特点。

配方 **23** 珍珠镍电镀用添加剂

原料配比

原料		配比/(g/L)		
		1#	2#	3#
光亮剂	糖精钠	50	40	60
	烯丙基磺酸钠	30	20	40
	去离子水	加至1L	加至1L	加至1L
起沙剂	琥珀酸酯盐类表面活性剂	0.5	0.1	0.6
	羧酸盐类表面活性剂	1	0.5	1.5
	去离子水	加至1L	加至1L	加至1L

制备方法 将各组分原料混合均匀即可。

产品应用 本品主要是一种珍珠镍电镀用添加剂。使用时，每升基础电镀镍溶液中加入 5～15mL 的光亮剂和 10～20mL 的起沙剂。具体配方如下。

原料		配比/(g/L)	
		1#	2#
电镀用添加剂	光亮剂	5（体积份）	15（体积份）
	起沙剂	10（体积份）	20（体积份）
基础电镀镍溶液	硫酸镍	470	470
	氯化镍	30	30
	硼酸	35	35
	去离子水	加至 1L	加至 1L

珍珠镍电镀方法，通过以下步骤完成：

（1）按照上述成分及配比，配制得到珍珠镍电镀溶液；

（2）调节珍珠镍电镀溶液的 pH 值为 4～4.7，电镀溶液的温度为 48～55℃；以预镀件为阴极，以镍板为阳极，在电流密度为 1～10A/dm² 的条件下，进行电镀镍，在预镀件表面得到珍珠镍层。

所述的预镀件可以为不锈钢、碳素钢、铝合金或者铜合金等材质的预镀件，也可以是已经进行了光亮镍电镀或者其他基础镀层的预镀件。

产品特性 本品配方合理，在基础电镀镍溶液中的分散性好，起沙剂和光亮剂协同配合好，使得在珍珠镍电镀过程中，预镀件表面能够均匀起沙，起沙效果好，降低内应力，而且得到的珍珠镍镀层外观洁白，光度柔和，手感光滑，而且有光泽，亮度好。

配方 **24** 电镀珍珠镍添加剂

原料配比

原料	配比/(g/L)								
	1#	2#	3#	4#	5#	6#	7#	8#	9#
二氰胺钠（NADCA）添加剂	6	1.0	4.0	4.5	6	1	0.5	3	1.8
去离子水	加至 1L	加至 1L	加至 1L	加至 1L	加至 1L	加至 1L	加至 1L	加至 1L	加至 1L

制备方法 将各组分溶于水混合均匀即可。

原料介绍 所述镀镍液为瓦特镀镍液或全硫酸盐镀镍液。

所述的全硫酸盐镀镍液中 NADCA 含量范围为 1.0～6.0g/L。

所述的瓦特镀镍液中 NADCA 含量范围为 0.5～3.0g/L。

产品应用 使用实例如下。

原料	配比/(g/L)								
	1#	2#	3#	4#	5#	6#	7#	8#	9#
$NiSO_4 \cdot 6H_2O$	170	170	330	170	250	250	165	165	165
$NiCl_2 \cdot 6H_2O$	—	—	—	—	—	—	70	70	70
H_3BO_3	25	25	37	25	25	25	40	40	40
去离子水	加至1L	加至1L	加至1L	加至1L	加至1L	加至1L	加至1L	加至1L	加至1L

将各组分溶于水混合均匀即可得到镀液。添加剂使用浓度为 0.5～6.0g/L。电镀参数：镀液温度为 40～60℃，基底去油清洗后浸入电镀液，加载恒电流电镀镍，镀完后清洗、烘干。

产品特性

（1）本品的电镀珍珠镍添加剂含有有机二氰胺根阴离子，适用于全硫酸盐镀液和瓦特镀液。本品与现今常用的乳化剂法制备珠光镍不同，溶液无须加热至浊点，不形成乳浊液，镀液更稳定。

（2）传统电镀珍珠镍是通过表面活性剂使溶液变"浊"，形成悬浊液，通过"液珠"在电极表面的吸附脱附形成的，镀液存在浊点。而本品添加剂加入后镀液为溶液，无浊点，镀液稳定性高。其中二氰胺盐添加剂在电极表面吸附，改变双电层结构，所以珍珠镍镀层是通过添加剂对双电层结构的改变而获得的，这与传统工艺在原理上存在本质区别。

（3）本品与乳化剂法电镀珍珠镍相比，不仅操作工艺温度范围宽，无需冷热循环装置，而且镀液稳定，添加剂消耗量低，添加剂种类简单，易于配制及监控，可充分节余时间、节省人力物力，降低成本。使用后镀层表面珠光性好，与基底结合力佳。

配方 **25** 提高稳定性的多层镍电镀添加剂

原料配比

原料	配比/(mL/L)									
	1#	2#	3#	4#	5#	6#	7#	8#	9#	10#
开缸剂	10	15	2	10	10	10	10	10	20	1
微孔镍添加剂	5	10	1	5	5	5	5	5	15	0.5
异辛基硫酸钠	1.5	2	1.5	1.5	1.5	1.5	1.5	5	0.5	

原料		配比/（mL/L）									
		1♯	2♯	3♯	4♯	5♯	6♯	7♯	8♯	9♯	10♯
离子液体	双-（3-丙基磺酸-1-咪唑）亚丁基硫酸二氢盐	10	10	10	5	15	10	10	10	10	10
加速剂	1-[5-（1H-咪唑-4-基）戊基]-1-甲基硫脲	2	2	2	1	3	—	2	2	2	2
	3-[（5-氨基-1H-苯并咪唑-2-基）硫代]-丙烷磺酸钠	3	3	3	1.5	5	3	2	3	3	3
	2-二甲基氨基乙硫醇	0.6	0.6	0.6	0.3	1	0.6	0.6	—	0.6	0.6
去离子水		加至1L	加至1L	加至1L	加至1L	加至1L	加至1L	加至1L	加至1L	加至1L	加至1L
开缸剂/（g/L）	磺基水杨酸	30	30	30	30	30	30	30	30	30	30
	1,4-丁炔二醇	40	40	40	40	40	40	40	40	40	40
	水合三氯乙醛	50	50	50	50	50	50	50	50	50	50
	去离子水	加至1L	加至1L	加至1L	加至1L	加至1L	加至1L	加至1L	加至1L	加至1L	加至1L
微孔镍添加剂/（g/L）	聚醚胺T403	4	4	4	4	4	4	4	4	4	4
	聚醚胺T5000	2	2	2	2	2	2	2	2	2	2
	去离子水	加至1L	加至1L	加至1L	加至1L	加至1L	加至1L	加至1L	加至1L	加至1L	加至1L

制备方法 将各组分原料混合均匀即可。

原料介绍 所述开缸剂包含光亮剂、走位剂、提高电位剂。

所述光亮剂选自磺基水杨酸、丙烯磺酸钠、苯亚磺酸钠、羟乙基磺酸钠中的一种或多种。

所述走位剂选自1,4-丁炔二醇、丁炔二醇单丙氧基醚、丁炔二醇乙氧基化物、丙炔醇丙氧基醚、丙炔醇乙氧基醚、丙炔鎓盐中的一种或多种。

所述提高电位剂为水合三氯乙醛。

所述微孔镍添加剂为高分子含氧类化合物。所述高分子含氧类化合物选自聚乙烯醇、聚乙二醇、聚醚胺中的一种或多种。

所述聚醚胺选自聚醚胺D230、聚醚胺D400、聚醚胺D2000、聚醚胺T403、聚醚胺T5000中的一种或多种。

所述离子液体选自1-丙基磺酸-3-甲基咪唑硫酸氢盐、1,3-二丙基磺酸咪唑硫酸氢盐、双-(3-丙基磺酸-1-咪唑)亚丁基硫酸二氢盐中的一种或多种。

所述加速剂选自 1-[5-(1H-咪唑-4-基)戊基]-1-甲基硫脲、3-[(5-氨基-1H-苯并咪唑-2-基)硫代]-丙烷磺酸钠、2-二甲基氨基乙硫醇中的一种或多种。

产品应用　所述的多层镍电镀添加剂的镀镍工艺：将所述的多层镍电镀添加剂以 1~1.4mL/L 的添加量加入电镀液中，镀镍时镀液温度为 50~60℃，电流密度为 16~19mA/cm²，电镀时间为 18~25min。

产品特性　本品添加后仅需简单调节电镀条件即可选择镀上平整镍层或微孔镍层，工艺简便易操作，含有上述多层镍电镀添加剂的镀镍工艺采用较小的电流密度，降低了能耗，且电镀时间短，镀镍后光亮效果好、稳定性能高。

配方 26　低浓度、长效珍珠镍电镀添加剂

原料配比

原料		配比/(g/L)					
		1#	2#	3#	4#	5#	6#
建浴剂	糖精钠	80	90	90	100	90	80
	烯丙基磺酸钠	5	30	30	35	35	35
辅助剂	亲水性天然胶体	15	18	18	15	30	30
粗细沙剂	琥珀酸酯盐类表面活性剂	0.2	0.3	0.3	0.2	0.2	0.2
	聚氧乙烯醇类表面活性剂	15	15	15	15	15	15
基础电镀镍溶液	硫酸镍	260	260	270	280	320	280
	氯化镍	38	38	38	35	35	35
	硼酸	35	35	35	40	40	40
建浴剂		10（体积份）	10（体积份）	10（体积份）	20（体积份）	20（体积份）	20（体积份）
辅助剂		8（体积份）	8（体积份）	8（体积份）	8（体积份）	8（体积份）	8（体积份）
粗细沙剂		0.5（体积份）	0.5（体积份）	0.5（体积份）	0.5（体积份）	0.5（体积份）	0.5（体积份）
水		加至 1L	加至 1L	加至 1L	加至 1L	加至 1L	加至 1L

制备方法　将各组分原料混合均匀即可。

产品应用　低浓度、长效珍珠镍电镀方法，包括：

（1）按照所述珍珠镍电镀溶液的成分及配比，配制得到珍珠镍电镀溶液。珍

珠镍电镀溶液，包括基础电镀镍溶液和珍珠镍电镀添加剂，其中，基础电镀镍溶液包括 $260\sim320$g/L 硫酸镍、$35\sim40$g/L 氯化镍和 $35\sim45$g/L 硼酸。在每升基础电镀镍溶液中加入 $5\sim25$mL 的建浴剂及 8mL 辅助剂和 $0.5\sim0.8$mL 的所述粗细沙剂。

（2）调节珍珠镍电镀溶液的 pH 值为 $4.2\sim4.8$，电镀溶液的温度为 $52\sim58$℃；采用直流电源，电流密度为 $2.5\sim5$A/dm^2 进行电镀。

产品特性 本品提供的低浓度、长效珍珠镍电镀添加剂，可使得在珍珠镍电镀过程中，预镀件表面能够均匀起沙，达到较好的起沙效率以及降低内应力。得到的珍珠镍层均匀，外观洁白，光度柔和，手感光滑，而且有光泽，亮度好。

配方 **27** 镀镍液添加剂

原料配比

原料		配比（质量份）									
		1#	2#	3#	4#	5#	6#	7#	8#	9#	10#
主光剂	糖精	20	30	40	50	25	35	45	45	50	25
	双苯磺酰亚胺	15	10	—	—	10	10	—	—	—	20
	苯亚磺酸钠	5	7	9	11	13	13	15	15	15	6
	烯丙基磺酸钠（35%）	75	85	75	85	100	85	90	90	90	70
	丁炔二醇二乙氧基醚	5	6	7	8	9	9	10	8	8	6
	丙炔醇乙氧基醚	35	40	45	50	45	40	50	50	60	35
	丙炔醇丙氧基醚	40	35	30	25	35	35	25	25	20	40
	丙炔醇	1	1.5	—	2	—	1.5	—	—	—	—
	丙炔磺酸钠	60	50	45	45	50	40	45	40	40	40
	二乙氨基丙炔	4	5	6	7	8	7	8	7	8	4
	甲醛	2	2	2	2	2	2	2	2	2	2
	羟乙基乙烷磺酸钠	—	15	—	—	—	—	—	—	—	—
	羟基乙烷磺酸钠	10	—	15	15	15	15	15	15	15	10
	十二烷基硫酸钠	—	0.1	0.1	—	0.05	0.1	—	0.1	0.1	0.05
	丙烷磺酸吡啶鎓盐	10	10	20	10	20	10	10	—	—	10
	羟基丙烷磺酸吡啶鎓盐（45%）	230	230	200	230	200	240	220	250	250	230
	丁醚鎓盐	2	3	4	4	3	4	4	3.5	3.5	2
	S-羧乙基二硫脲鎓盐	2	2	3	3	3	3	3	3	3	2

续表

原料		配比（质量份）									
		1#	2#	3#	4#	5#	6#	7#	8#	9#	10#
柔软剂	糖精	40	40	45	40	45	50	50	45	45	40
	双苯磺酰亚胺	50	55	—	55	55	60	60	50	50	50
	双苯酰亚胺	—	—	50	—	—	—	—	—	—	—
	苯亚磺酸钠	3	4	5	6	6	5	6	6	6	3
	烯丙基磺酸钠（35%）	180	220	220	250	250	250	210	250	250	220
	丁炔二醇二乙氧基醚	3	2	3	3	3	2	3	3	3	3
	丙炔醇乙氧基醚	0.5	1	2	1	2	1	2	2	2	2
	丙炔醇丙氧基醚	2	2	2	2	1	2	1	2	2	2
	丙炔磺酸钠	4	5	6	7	8	7	8	7	8	5
	二乙氨基丙炔	0.3	0.4	0.6	0.5	0.6	0.6	0.6	0.6	0.6	0.5
	甲醛	1	2	3	2	2	3	2	3	2	3
	丙烷磺酸吡啶鎓盐	3	5	7	10	5	—	—	—	—	3
	羟基丙烷磺酸吡啶鎓盐（45%）	40	25	30	—	25	50	45	45	50	35
	S-羧乙基硫脲鎓盐	0.05	0.1	0.2	0.3	0.2	0.2	0.25	0.25	0.25	0.1
	二乙烯三胺	0.02	0.06	0.1	0.15	0.1	0.1	0.1	—	—	0.05
络合导电盐	柠檬酸钠	160	160	130	150	130	100	80	30	10	130
	葡萄糖酸钠	—	20	30	—	30	50	80	130	160	—
	硫酸镁	—	—	10	—	20	—	10	—	10	—

原料		配比（质量份）									
		11#	12#	13#	14#	15#	16#	17#	18#	19#	20#	21#
主光剂	糖精	35	40	50	25	35	40	50	25	35	40	50
	双苯磺酰亚胺	15	15	10	20	15	15	10	20	15	15	10
	苯亚磺酸钠	8	10	15	6	8	10	15	6	8	10	15
	烯丙基磺酸钠（35%）	75	75	80	70	75	75	80	70	75	75	80
	丁炔醇二乙氧基醚	7	8	10	6	7	8	10	6	7	8	10

原料		配比（质量份）									
		11#	12#	13#	14#	15#	16#	17#	18#	19#	20#	21#
主光剂	丙炔醇乙氧基醚	45	50	55	35	45	50	55	35	45	50	55
	丙炔醇丙氧基醚	30	20	20	40	30	20	20	40	30	20	20
	丙炔醇	—	1	2	—	1	—	—	2	—	—	—
	丙炔磺酸钠	45	40	40	40	45	40	40	40	45	40	40
	二乙氨基丙炔	6	7	8	4	6	7	8	4	6	7	8
	甲醛	2	2	2	2	2	2	2	2	2	2	2
	羟基乙烷磺酸钠	10	15	15	10	10	15	15	10	12	15	12
	十二烷基硫酸钠	0.05	—	—	—	0.05	—	—	—	—	0.05	—
	丙烷磺酸吡啶鎓盐	20	10	20	10	20	10	20	10	20	10	20
	羟基丙烷磺酸吡啶鎓盐（45%）	200	240	200	230	200	240	200	230	200	240	200
	丁醚鎓盐	2	3	4	2	2	3	4	2	2	3	4
	S-羧乙基二硫脲鎓盐	2	3	3	2	2	3	3	2	2	3	3
柔软剂	糖精	45	45	50	40	45	45	50	40	45	45	50
	双苯磺酰亚胺	55	55	60	50	55	55	60	50	55	55	60
	苯亚磺酸钠	4	5	6	3	4	5	6	3	4	5	6
	烯丙基磺酸钠（35%）	220	250	250	220	220	250	250	220	220	250	250
	丁炔二醇二乙氧基醚	3	3	3	3	3	3	3	3	3	3	3
	丙炔醇乙氧基醚	1.5	1.5	2	2	1.5	1.5	2	2	1.5	1.5	2
	丙炔醇丙氧基醚	2	2	1.5	2	2	2	1.5	2	2	2	1.5
	丙炔磺酸钠	6	7	8	5	6	7	8	5	6	7	8
	二乙氨基丙炔	0.4	0.4	0.6	0.5	0.4	0.4	0.6	0.5	0.4	0.4	0.6
	甲醛	2	2	3	2	2	2	3	2	2	2	3
	丙烷磺酸吡啶鎓盐	5	7	8	3	5	7	8	3	5	7	8
	羟基丙烷磺酸吡啶鎓盐（45%）	30	25	25	35	30	25	25	35	30	25	25
	S-羧乙基硫脲鎓盐	0.15	0.15	0.3	0.1	0.15	0.15	0.3	0.1	0.15	0.15	0.3
	二乙烯三胺	0.1	0.15	—	0.05	0.1	0.15	—	0.05	0.1	0.15	—

续表

原料		配比（质量份）										
		11#	12#	13#	14#	15#	16#	17#	18#	19#	20#	21#
络合导电盐	柠檬酸钠	150	160	180	30	35	35	20	130	145	145	150
	葡萄糖酸钠	—	—	—	130	120	120	130	—	—	—	—
	硫酸镁	—	—	—	—	—	—	—	10	15	15	17

制备方法 将各组分原料混合均匀即可制成镀镍液添加剂。

产品应用 电镀工艺包括：对待镀的零件进行前处理；水洗零件，然后用弱酸活化；在中性条件下进行滚镀镀镍；进行后处理。具体地：

（1）对待镀的零件进行前处理，除油或除锈，得到干净的待镀零件；

（2）水洗零件，然后使用稀硫酸活化；

（3）电镀镀铜，得到铜镀层，作为镀镍层的基层，并对电镀镀铜后的镀液进行回收，水洗零件；

（4）用酸活化，可选用稀硫酸；

（5）在中性条件下滚镀镀镍，得到镍镀层，对镀镍液进行回收，并水洗零件；

（6）根据实际工艺的需求，进行后处理。

所述待镀的零件为钢铁待镀零件或锌铝合金待镀零件。

镀镍液由镀镍液添加剂和含有镍盐的中性溶液配制而成；

所述镀镍液添加剂为本品所述的镀镍液添加剂，包括主光剂 $0.1\sim0.2mL/L$，柔软剂 $8\sim10mL/L$，络合导电盐 $130\sim180g/L$；所述镍盐包括七水硫酸镍和六水氯化镍。

产品特性 添加本品镀镍液添加剂及采用本电镀工艺，可得到镍镀层光亮且整平性高的镀镍产品，镀层结晶细微，与基体结合力良好，镀镍液有较高的均镀能力，抗锌杂质污染能力强，所述电镀液不包含铅、镉、汞和六价铬，符合环保电镀要求。

配方 28 硫酸盐体系深孔镀镍添加剂

原料配比

原料	配比/（mL/L）
开缸剂	2～10
润湿剂	1～4
主光亮剂	0.5～1.5
辅助光亮剂	0.5～1.2

原料	配比/(mL/L)
去离子水	加至 1L

制备方法

（1）称取 100g 的丙炔醇，用 800mL±5mL 去离子水充分搅拌溶解，配制成丙炔醇溶液；然后量取 15mL±1mL 的乙氧基羧甲基吡啶鎓盐，在不断搅拌下滴加于丙炔醇溶液，充分搅拌均匀后进行过滤，最后添加去离子水至 1L 得到开缸剂，每升开缸剂中丙炔醇和乙氧基羧甲基吡啶鎓盐的质量分别为：$100\sim110$g，$17.5\sim20$g，或开缸剂中丙炔醇的浓度为 $100\sim110$g/L，乙氧基羧甲基吡啶鎓盐的浓度为 $14\sim16$mL/L，以供待用；利用负压法进行重复过滤 3 次。

（2）量取 40mL±5mL 琥珀酸酯钠，用 900mL±10mL 去离子水充分搅拌溶解，然后添加去离子水至 1L 得润湿剂，待用。

（3）称取 100g 的丁炔二醇二丙氧基醚，用 500mL±5mL 去离子水充分搅拌溶解，配制成丁炔二醇二丙氧基醚溶液；然后量取 250mL±50mL 的 2-乙基己基硫酸酯钠盐，在不断搅拌下滴加于丁炔二醇二丙氧基醚溶液，充分搅拌均匀后进行过滤，然后添加去离子水至 1L 得主光亮剂，待用；对溶液重复过滤 3 次。

（4）量取 500mL±5mL 丙炔基磺酸钠，用 400mL 去离子水混合，搅拌后添加去离子水至 1L 得辅助光亮剂，待用。

（5）将（1）、（2）、（3）和（4）中所制备的开缸剂、润湿剂、主光亮剂和辅助光亮剂按照比例进行混合得到镀镍添加剂。

产品应用　将待镀镍产品置于盛装有电镀液的镀槽中并接通电流进行电镀，在电镀过程中，添加剂添加的量由安培小时计的记录来折算。

电镀过程中电镀温度为 $50\sim55$℃，电流密度为 $1.5\sim5$A/dm^2，pH 为 $4.2\sim4.8$。

所述电镀液的成分包括：硫酸镍（$220\sim320$g/L），氯化镍（$35\sim45$g/L），硼酸（$35\sim45$g/L）。

产品特性

（1）利用本品对产品进行电镀镍，提升了镀液的分散能力和深镀能力，提高了镀层的致密性，保障了镀层的耐腐蚀性。

（2）电镀过程中使用本品，使电解质稳定性强，无阳极泥现象，在规定电流密度下，24h 工作无异常现象。

（3）利用本品镀镍后获得的产品进行盐雾试验，48h 后内外无锈斑，满足产品防腐要求。

（4）本品提高了产品质量保障，生产效率大大提升。

二、镀锌添加剂

配方 **1** 不含锌铵热浸镀锌无烟助镀剂

原料配比

原料		配比/(g/L)				
		1#	2#	3#	4#	5#
碱土金属氯化物	氯化镁	150	100	80	100	100
	氯化钙	60	30	20	30	30
碱金属氯化物	氯化钠	40	20	10	—	20
	氯化钾	—	—	—	20	—
氯化铈		60	30	20	30	30
碱金属氟化物	氟化钾	20	10	5	20	—
	氟化钠	—	—	—	—	20
盐酸羟胺		10	7	5	7	7
碱金属氢氧化物	氢氧化钠	15	10	3	3	3
	氢氧化钾	—	—	—	—	15
阴离子表面活性剂	十二烷基硫酸钠	5	—	—	—	—
	十二烷基磺酸钠	—	5	—	10	—
	十二烷基苯磺酸钠	—	—	1	—	10
非离子表面活性剂	脂肪醇聚氧乙烯醚 AEO-9	5	3	—	3	3
	聚氧乙烯辛基苯酚醚-10：OP-10	—	—	1	—	—
去离子水		加至 1L	加至 1L	加至 1L	加至 1L	加至 1L

制备方法 将各组分原料混合均匀即可。助镀剂的 pH 为 4～5。

产品应用 本品是一种不含锌铵热浸镀锌无烟助镀剂，适用于各种金属材质工件镀锌。

使用方法：将助镀剂加热至 70℃，将清洗干净的玛钢工件放入助镀剂中 3～5min，然后进行热浸镀锌。

产品特性

（1）氯化铈、碱金属氟化物及盐酸羟胺三种组分复配，可以代替传统助镀液中氯化铵的作用，解决了氯化铵分解产生挥发性烟雾的根源问题。

（2）碱土金属氯化物及碱金属氯化物复配，可以代替传统助镀液中氯化锌的作用，通过与其余组分复配，降低镀件与锌液间的表面张力，同时对镀件起到活化作用，促进铁锌间的合金反应。

（3）采用本品助镀剂处理后，热浸镀锌过程无烟雾挥发，主料氯化镁熔点为 714℃，沸点为 1412℃，可在熔融镀液中稳定存在，避免了低熔点无机物熔融与蒸汽带走锌组分的缺陷，产品无漏镀。

（4）采用本品的助镀剂，使用方法简单，易于工业化实施，且由于镀锌过程无烟雾，大幅降低了现有工艺对人体及环境的危害。

（5）本品配方中不含氯化锌和氯化铵，镀件经助镀剂处理后，热浸镀锌过程没有烟雾挥发，且能明显减少锌锭消耗，对改善生产环境、降低生产成本有积极促进作用。

配方 2 不锈钢热浸镀锌用助镀剂

原料配比

原料	配比（质量份）		
	1#	2#	3#
氯化钾	5.5	5.8	5.6
硫酸钠	4.4	4.6	4.5
纳米二氧化硅	0.3	0.5	0.4
纳米二氧化钛	0.5	0.8	0.6
聚硅氧烷	2	4	3
2,6-二叔丁基对甲酚	3	5	4
纤维素醚	3	5	4
聚乙烯微粉蜡	4	6	5
脂肪醇聚氧乙烯醚	4	6	5
硬脂酸钙	4.5	5.5	4.6
海藻酸钠改性海泡石粉	1.2	1.9	1.8

制备方法 将各组分原料混合均匀即可。

原料介绍 所述纳米二氧化硅采用季戊四醇浸泡处理，具体为：将纳米二氧化硅均匀分散到季戊四醇中，配制成质量分数为 10% 的季戊四醇分散液，加热至 60℃，添加季戊四醇质量 0.2% 的钛酸酯偶联剂，以 500r/min 转速搅拌 2h，然后进行抽滤，采用去离子水清洗，烘干至恒重，即得。

所述海藻酸钠改性海泡石粉制备方法为：将海藻酸钠与水混合配制成质量分数为 2.5% 的海藻酸钠溶液，待用；将初始海泡石粉在 720℃ 下煅烧 15min，随炉冷却至室温，将煅烧后的海泡石粉与海藻酸钠溶液按 1∶5 质量比例均匀混合，研磨 2h，然后进行过滤，表面洗涤，烘干至恒重后，过 1000 目筛，即得。

所述纳米二氧化硅粒度为 50nm。所述纳米二氧化钛粒度为 80nm。所述初始海泡石粉粒度为 800 目。

产品特性 本品性能优异，能够实现无烟助镀，根除了铵盐、氟化物对于环境的污染，实现了环保助镀的目的。合理搭配了硫酸钠、纳米二氧化硅、纳米二氧化钛、聚硅氧烷、2,6-二叔丁基对甲酚、海藻酸钠改性海泡石粉等成分，很好地提升了镀层的质量，避免了漏镀情况的发生，提升了镀层的光滑性、均匀性、连续性，并有效降低了镀层的厚度，防止了镀层超厚现象的发生，并能保证镀层与钢材基体的黏附效果。此外，本品助镀剂在常温下即可使用，显著降低了传统高温生产的制造成本。

配方 **3** 氯化钾镀锌添加剂

原料配比

原料			配比（质量份）				
			1#	2#	3#	4#	5#
柔软剂	低泡型载体光亮剂	非离子型有机硅表面活性剂	0.5	0.8	0.7	1	1
		异构十三醇聚氧乙烯醚 EO=100	9.5	10	—	—	—
		辛基酚聚氧乙烯醚 EO=100	—	—	9.3	11.6	—
		十二醇聚氧乙烯醚 EO=100	—	—	—	—	14
	苯甲酸钠		6	7	8	10	15
	助溶剂	甲醇	5	6	—	—	—
		乙二醇乙醚	—	—	8	—	10
		异丙醇	—	—	—	8	—
	水		加至 100	加至 100	加至 100	加至 100	加至 100

续表

原料			配比（质量份）				
			1#	2#	3#	4#	5#
光亮剂	主光亮剂	邻氯苯甲醛	3	—	—	4	—
		苯亚甲基丙酮	—	4	—	2	6
		邻氯苯甲醛与苯亚甲基丙酮反应物	—	—	5	—	—
	低泡型载体光亮剂	非离子型有机硅表面活性剂	0.3	0.4	0.5	0.3	0.4
		异构十三醇聚氧乙烯醚 EO＝50	5	6	—	—	—
		十二醇聚氧乙烯醚 EO＝50	—	—	9.5	—	7.6
		辛基酚聚氧乙烯醚 EO＝50	—	—	—	9.7	—
	助溶剂	甲醇	5	—	—	—	—
		乙醇	—	6	—	—	—
		乙二醇乙醚	—	—	7	—	10
		异丙醇	—	—	—	8	—
	水		加至100	加至100	加至100	加至100	加至100

制备方法　将各组分原料混合均匀即可。

原料介绍　所述非离子型表面活性剂可以是辛基酚聚氧乙烯醚（环氧乙烷加成数 EO＝50～100）、十二醇聚氧乙烯醚（EO＝50～100）、异构十三醇聚氧乙烯醚（EO＝50～100）中的至少一种。

产品应用　本品主要是一种低泡型载体光亮剂。

使用方法：在氯化钾镀锌工艺中，在电镀液中加入本添加剂。实例如下。

原料	配比/(g/L)				
	1#	2#	3#	4#	5#
氯化钾	180	200	220	200	220
氯化锌	50	60	70	60	70
硼酸	25	30	35	35	35
柔软剂	25mL	30mL	35mL	25mL	35mL
光亮剂	1mL	2mL	2mL	2mL	2mL
去离子水	加至1L	加至1L	加至1L	加至1L	加至1L

电镀工艺条件为：温度为 10～50℃，pH 为 4.8～5.6，电镀过程中，电镀液采用压缩空气搅拌和连续过滤，每小时将电镀液过滤 1～4 遍。

产品特性

（1）使用本品的氯化钾镀锌柔软剂和光亮剂的镀液低泡，可以用压缩空气搅拌，允许的电流密度大，霍氏槽试验电流可以从 1A 提高到 2A，霍氏槽试片全片光亮，生产中允许的电流密度可以从 $0.5\sim2A/dm^2$ 提高到 $0.5\sim4A/dm^2$，沉积速度快。

（2）通过空气搅拌，可以把镀液中的主要有害杂质 Fe^{2+} 氧化成 Fe^{3+}，并通过槽液的连续过滤除去。

（3）添加剂消耗量低，镀锌层有机物夹附少，耐蚀性强。

配方 **4** 电镀锌用光亮剂

原料配比

原料	配比（质量份）		
	1#	2#	3#
1-苄基吡啶鎓-3-羧酸盐	51	49	50
氯化胆碱	21	19	20
尿素	14	16	15
2,4-二氯苯甲醛	14	16	15
40%氢氧化钠	适量	适量	适量

制备方法 将 1-苄基吡啶鎓-3-羧酸盐、氯化胆碱、尿素、2,4-二氯苯甲醛加入反应釜中混合后搅拌均匀，再按 $400\sim500mL/L$ 的比例加入质量分数 40%的氢氧化钠溶液，调节 pH 值达到 $6.5\sim7.0$，升温至 $70\sim75℃$，保温 1h 后降至室温，通过过滤机进行过滤，再将过滤后的沉淀物料加入甩干机中进行甩干，再放入烘干机中进行烘干，即制得光亮剂成品。

产品特性 本品解决了碱性电镀锌镀层光亮的问题，从而解决目前酸性电镀锌对设备腐蚀严重的问题。

配方 **5** 镀锌封闭剂

原料配比

原料	配比/(g/L)			
	1#	2#	3#	4#
硫酸钴	1.5	5	8.5	5
氟化镍	2.0	3.5	7	3.5
硝酸镉	2.5	4	5.5	3

续表

原料	配比/(g/L)			
	1#	2#	3#	4#
硫酸镍	2.0	3	4	3.5
次亚磷酸钠	1.5	3	4.5	3
水	加至1L	加至1L	加至1L	加至1L

制备方法 将各组分原料混合均匀即可。

产品应用 本品主要是一种镀锌封闭剂。

使用方法如下：

（1）工件预处理：对工件进行化学除油、电解除油和盐酸活化；

（2）镀锌、钝化：对预处理过的工件进行镀锌、出光和钝化；

（3）封闭：将镀锌封闭剂加热至70～90℃，再将钝化过的工件放入镀锌封闭剂中浸泡30～60s，取出工件，70～90℃恒温干燥处理20～40min。

产品特性 本品涂覆在已经镀锌和钝化的工件表面后，通过高温处理，镀锌封闭剂中的金属离子会被还原剂还原成金属单质，然后填充在钝化层的微孔内以及覆盖在钝化层表面，使钝化层更加致密，并具有合金属性，显著改善了钝化层的耐腐蚀性能，进而很好地保护了镀锌层和工件，且不会影响工件的导电性能和外观色泽。

 配方 **6** 镀锌光亮剂

原料配比

原料		配比（质量份）		
		1#	2#	3#
上层液	蓖麻油	100	150	200
	38%乙酸溶液	20（体积份）	25（体积份）	30（体积份）
	尿素	0.3	0.4	0.5
	30%过氧化氢溶液	10（体积份）	13（体积份）	15（体积份）
浓缩液	上层液	60	65	70
	甘油	10	13	15
	15%氢氧化钠溶液	40（体积份）	45（体积份）	50（体积份）
乳化液	丙炔磺酸钠	15	18	20
	叔丁基对苯二酚	6	7	8
	硫酸铬	3	4	5
	25%多巴胺盐酸盐溶液	50	55	60
	脂肪醇聚氧乙烯醚	0.5	0.6	0.8

原料	配比（质量份）		
	1#	2#	3#
乳化液	70	75	80
葡萄糖酸钙	3	4	5
亚苄基丙酮	1	2	3
浓缩液	40	45	50
水	80	90	100

制备方法

（1）称取 100～200g 蓖麻油加入带有温度计和回流装置的三颈烧瓶中，将烧瓶置于水浴锅中，控制水浴温度为 40～50℃，再向烧瓶中加入 20～30mL 质量分数为 38% 的乙酸溶液和 0.3～0.5g 尿素，磁力搅拌混合 3～5min 后，再向烧瓶中滴加 10～15mL 质量分数为 30% 的过氧化氢溶液，控制滴加速度为 1～3mL/min，待滴加完毕后，升温至 60～70℃，搅拌反应 3～4h，反应结束后，将产物静置分层，得到上层液。

（2）称取 60～70g 上层液加入烧杯中，再向烧杯中加入 10～15g 甘油和 40～50mL 质量分数为 15% 的氢氧化钠溶液，将烧杯移入数显恒温磁力搅拌器中，于温度为 130～140℃，转速为 300～400r/min 下搅拌反应 2～3h，反应结束，降温至 30～40℃，将烧杯中的物料置于旋转蒸发仪中，旋蒸浓缩 20～30min，得到浓缩液。

（3）称取 15～20g 丙炔磺酸钠和 6～8g 叔丁基对苯二酚加入烧杯中，再向烧杯中加入 3～5g 硫酸铬，对其加热至 80～90℃，搅拌反应 60～90min 后，再向烧杯中加入 50～60g 质量分数为 25% 的多巴胺盐酸盐溶液和 0.5～0.8g 脂肪醇聚氧乙烯醚，搅拌混合 15～20min，得到乳化液。

（4）按质量份数计，取 70～80 份乳化液、3～5 份葡萄糖酸钙、1～3 份亚苄基丙酮（苯亚甲基丙酮）、40～50 份浓缩液和 80～100 份水加入烧杯中，将烧杯移入数显恒温磁力搅拌器，于温度为 130～140℃，转速为 300～400r/min 下搅拌混合 20～30min，待其自然冷却至室温后，即可得到镀锌光亮剂。

产品应用　使用方法：将本品与水按质量比 1∶1 混合后，对其加热至 50℃，搅拌混合 15min 后，待其自然冷却至室温后，得到配制好的光亮剂；向镀槽内的镀液中添加配制好的光亮剂，控制添加量为 15mL/L，搅拌混合 15min；每工作 1h 补加一次镀锌光亮剂，每次补加量为 0.5mL/L，直至镀件完成即可。

产品特性

（1）本品以蓖麻油为原料，经环氧化改性，得到环氧蓖麻油，可用作载体光亮剂。环氧蓖麻油为非离子型表面活性剂，能够降低光亮剂溶液的表面张力，对镀件表面起到润湿作用，除去镀层表面的油污等表面杂质，同时环氧蓖麻油还起到增大阴极极化、辅助光亮的作用。

（2）本品以亚苄基丙酮为主光亮剂，丙炔磺酸钠为辅助光亮剂，叔丁基对苯二酚为抗氧剂和杀菌剂，能够扩大电镀的光亮电流密度范围，同时具有润湿和抗杂质作用，可明显改善镀层性能，增加光亮度。多巴胺盐酸盐能够自聚得到聚多巴胺，聚多巴胺中的邻苯二酚结构能够通过化学配位键锚固在镀层钝化膜表面。因此，本品的镀锌光亮剂与钝化膜结合力强，使用后镀层光亮度高。

（3）本品与钝化膜的结合力强，在使用中无变色现象出现，并可有效提高镀锌层的光亮度和耐腐蚀性。

配方 **7** 镀锌添加剂

原料配比

原料		配比（质量份）
主光剂 A 剂		1
柔软剂 B 剂		20
去离子水		加至 1000（体积份）
A 剂	烷基酚聚氧乙烯醚	100
	亚苄基丙酮	25
B 剂	二十烷醇聚氧乙烯醚	100
	烟酸	4.2

制备方法

（1）将亚苄基丙酮在搅拌下缓慢加入烷基酚聚氧乙烯醚中溶解配制成主光剂 A 剂，在常温常压搅拌转速为 10～100r/min 下进行。

（2）将烟酸在搅拌下缓慢加入二十烷醇聚氧乙烯醚中溶解配制成柔软剂 B 剂，在常温常压搅拌转速为 10～100r/min 下进行。

（3）将 A 剂和 B 剂混合，添加水至所需量，制成所述添加剂。

产品应用 使用方法：所述的电镀方法中，电镀时控制电流为 1A，电镀时间为 5min。

产品特性 在酸性镀锌液中加入该添加剂，能得到光亮度高、整平性好、内应力小及电流效率高的锌镀层。本品抗杂质能力强、稳定性高、工艺范围宽，可在现有基础上提高酸性氯化物溶液镀锌层的光亮度和整平性。

配方 **8** 镀锌无铬钝化抗蚀封闭剂

原料配比

原料	配比（质量份）
植酸	3
磷酸酯	0.5
咪唑啉酮	0.5
吡嗪酰胺	1
己二酸	1
十二烷基磺酸钠	0.5
苹果酸	4
丹宁酸	3
三乙醇胺	10
水	76.5

制备方法 将称量好的植酸、己二酸、苹果酸、丹宁酸和三乙醇胺混合搅拌并加热到 60～70℃，反应 2h，生成黄色透明液体，再将称量好的咪唑啉酮和吡嗪酰胺分批加入搅拌，再反应 1h，加入 3 质量份纯净水搅拌，在搅拌下分别加入磷酸酯、十二烷基磺酸钠，搅拌均匀后加入余量水，混合均匀，即可得到镀锌无铬钝化抗蚀封闭剂的透明液体。

产品应用 本品主要用于热浸镀锌和电镀锌，也可用于其他镀层或金属件的防腐蚀处理。

使用方法：将本产品用去离子水稀释 30～40 倍，30～50℃条件下，金属材料浸泡 3～5min，沥干、甩干或烘干即可形成金属防护膜。

产品特性

（1）本品配方科学，无重金属氧化剂，防锈性能好，膜层和涂料的结合力非常好，处理成本低廉。

（2）本品解决了锌层的钝化防腐蚀问题，烟雾试验与六价铬钝化接近，同时具有低污染的环保性。

配方 **9** 镀锌组合光亮剂

原料配比

原料	配比（质量份）					
	1#	2#	3#	4#	5#	6#
脂肪醇聚氧乙烯醚	100	200	300	250	250	250

续表

原料	配比（质量份）					
	1#	2#	3#	4#	5#	6#
烷基酚聚氧乙烯醚	—	—	—	—	20	40
95%硫酸	50	—	—	—	—	—
96%硫酸	—	100	—	—	—	—
98%硫酸	—	—	150	110	110	110
20%的氢氧化钠溶液	100	—	—	—	—	—
30%的氢氧化钠溶液	—	200	—	—	—	—
40%的氢氧化钠溶液	—	—	300	150	150	150
邻氯苯甲醛	50	75	90	70	70	70
苯甲酸钠	50	75	100	80	80	80
烟酸	3	6	10	6	6	6
苯甲酸	10	20	30	21	21	21
NNO扩散剂	5	18	30	17	17	17

制备方法

（1）将脂肪醇聚氧乙烯醚、烷基酚聚氧乙烯醚投入反应釜中，在搅拌下缓慢加入质量分数为95%～98%的硫酸，反应温度为40～65℃，反应30～50min；

（2）将反应釜中的反应产物移至另一容器中；

（3）将质量分数为20%～40%的氢氧化钠溶液加入反应釜中，在搅拌下将上述脂肪醇聚氧乙烯醚和硫酸的反应产物缓慢加入反应釜中，反应温度为65～85℃，反应时间为60～90min，反应结束后，调节pH值为6.8～7.2；

（4）将调好pH值的产物全部移到第三个容器中，沉淀30～60min后，将上层澄清透明的产物移入反应釜中，在搅拌下加入邻氯苯甲醛、苯甲酸钠、烟酸、苯甲酸、NNO扩散剂直至完全溶解，即得所述镀锌光亮剂成品。

产品应用　本品主要是一种镀锌组合光亮剂，用量在18～25mL/L。

产品特性　本品可以作为氯化钾或硫酸盐镀锌溶液中的光亮剂，上光快，浊点高，光亮性好，能明显地扩大电流密度区的光亮度，赫尔槽总电流为4A时，高电流密度区无烧焦，低电流密度区全光亮。

配方 **10** 防止钢丝热镀锌漏镀的助镀剂

原料配比

原料	配比（质量份）		
	1#	2#	3#
氯化铝	40	75	58

续表

原料	配比（质量份）		
	1#	2#	3#
氯化锌	60	75	70

制备方法　将各组分原料混合均匀即可。

产品应用　所述助镀剂的使用方法：按每升水溶解 100～150g 的助镀剂，将助镀剂溶于水中，钢丝以 5～20m/min 的速度进入助镀剂溶液中，烘干后再进行热浸镀锌。所述助镀剂溶液的温度为 60～70℃。

产品特性　本品中不含氯化铵，不会有常规热镀锌时产生烟雾的问题，热镀锌钢丝表面镀层致密、光滑、无微孔，耐腐蚀性能好。

配方 避免钢丝热镀锌漏镀的助镀剂

原料配比

原料		配比（质量份）		
		1#	2#	3#
主原料溶液	氯化铝	40	50	60
	氯化锌	60	50	40
	去离子水	加至1000	加至1000	加至1000
添加剂	脂肪醇聚氧乙烯醚	24	20	22
	十二烷基酚聚氧乙烯醚	24	23	22
	辛基酚聚氧乙烯醚	12	14	13
	三乙醇胺	5	5.8	6
	尿素	1.0	1.2	1
	甲醇	34	36	36
助镀剂	主原料溶液	100	100	100
	添加剂	0.15	0.2	0.5

制备方法

（1）将主原料溶解于水中，制成主原料溶液；

（2）将添加剂各组分混合均匀；

（3）将添加剂加入所得主原料溶液中，得到所述助镀剂。

产品应用　在钢丝热镀锌中的使用：按常规方法对钢丝进行脱脂除油和酸洗处理，将经过处理的钢丝以 5m/min 的速度进入温度为 70℃ 的助镀剂中，进入助镀溶液的时间约 5s，然后将钢丝红外干燥，再以 10m/min 的速度进入温度为

470～480℃的锌基镀液中，锌基镀液由95％的锌和5％的铝组成，进行热浸镀锌，时间为15s。

产品特性　本品能够很好地把钢丝表面润湿浸透，使其表面具有良好的界面润湿性和良好的相容性，且覆盖性良好，可防止助镀后的钢丝在空气中被二次氧化，有利于减少锌渣的产生。该助镀剂表面张力小，润湿浸润效果好，可有效改善助镀效果，防止热镀锌钢丝表面镀层漏镀。

配方 12 钢制件热镀锌用无白烟助镀剂

原料配比

原料	配比/(g/L)									
	1#	2#	3#	4#	5#	6#	7#	8#	9#	10#
氯化锌	180	240	200	220	190	230	210	220	200	240
氯化钾	40	50	45	43	45	48	40	50	48	48
改性若丁	1.5	2.5	2.0	2.2	1.8	1.9	2.4	2.0	2.0	2.0
助镀剂添加剂	0.2	0.5	0.5	0.4	0.3	0.4	0.1	0.6	0.2	0.5
去离子水	加至1L	加至1L	加至1L	加至1L	加至1L	加至1L	加至1L	加至1L	加至1L	加至1L

制备方法　将各组分原料混合均匀即可。

原料介绍　所述助镀剂添加剂由20％～25％脂肪醇聚氧乙烯醚、20％～26％十二烷基酚聚氧乙烯醚、8％～14％辛基酚聚氧乙烯醚、30％～36％甲醇和0.8％～1.5％尿素组成。

产品应用　本品是一种钢制件热镀锌用无白烟助镀剂。使用温度为65～80℃。

产品特性

（1）本品不含氯化铵，在钢制件热镀锌过程中不产生 NH_3 和 HCl 烟雾，减少了对车间及周边环境的污染，改善了工作环境。

（2）本品的使用温度为65～80℃，使钢制件表面自干燥效果好，减少了钢制件与锌液的温度差，加快了锌液与钢基体的反应速率，相应地减少了浸锌时间，减小了合金层的厚度。

（3）本品具有生产成本低廉、助镀质量稳定和可适应批量钢制件热镀锌生产等优点。

（4）使用本品的热镀锌工艺，获得的产品镀层表面光滑、均匀，色泽一致。

配方 **13** 钢制紧固件热镀锌用无白烟助镀剂

原料配比

原料		配比/(g/L)		
		1♯	2♯	3♯
氯化锌		150	110	200
氯化镁		30	40	10
氯化镍		10	13	8
盐酸（密度为 1.14g/cm³）		10	8	12
六亚甲基四胺		2.5	3.5	2
助镀添加剂		10	8	9
水		加至 1L	加至 1L	加至 1L
助镀添加剂	PSA-96 型炔二醇表面活性剂	2	1	1.5
	乳化剂 OP-10（烷基酚聚氧乙烯醚）	1	1	1

制备方法 将各组分原料混合均匀即可。pH 值为 2.5～2.8。

产品应用 应用工艺，包括以下步骤：

（1）脱脂。将钢制紧固件装入圆周有孔的滚筒内，钢制紧固件装入量为滚筒容积的 3/5，然后进行脱脂，脱脂时间为 25～30min，脱脂温度为 81～86℃；钢制紧固件进行脱脂时，在滚筒内同时装入石英砂，每个滚筒内装入石英砂的质量为 10～15kg，石英砂的颗粒直径为 5～10mm。脱脂清洗剂的质量组成为：碳酸钠 20%～25%、磷酸三钠 10%～18%、OP-10 4%～10%、平平加 A-20 6%～15%，其余为水。

（2）水清洗。将脱脂后的钢制紧固件连同滚筒一起进入水清洗工序，经过两道水清洗后进入下道除锈工序。

（3）除锈。将清洗后的滚筒连同钢制紧固件浸渍在质量分数为 15%～20% 的盐酸里进行除锈，除锈时间为 25～30min。

（4）二次水清洗。随后钢制紧固件连同滚筒一并进入二次水清洗工序。

（5）粘助镀剂。将钢制紧固件和滚筒放进所述的助镀剂溶液中，旋转滚动，时间控制在 6～8min，助镀剂温度控制在 81～86℃，助镀剂中的铁离子浓度控制在 1.0～12g/L。铁离子浓度的控制方法是，调整助镀剂溶液的 pH 值到 5.5～6.0 后，添加双氧水（过氧化氢），将助镀剂中的 $FeCl_2$、$FeCl_3$ 变为 $Fe(OH)_3$，最后利用板框式压滤机将氢氧化铁沉淀过滤出来，使助镀剂中的铁离子浓度控制在 1.0～12g/L。所述的 pH 值调整采用向助镀剂中添加氢氧化钠溶液的方式进行，采用的氢氧化钠溶液的质量分数为 40%，采用的双氧水的质量分数为 30%。

（6）干燥。将助镀完毕的钢制紧固件倒进专用输送框内，运送到干燥机中进行干燥，干燥至钢制紧固件螺纹内无水渍痕迹，干燥温度为220℃。

（7）镀锌。将钢制紧固件浸入到480～520℃的锌液中，浸镀1～3min完成镀锌。

产品特性

（1）该助镀剂中不含有遇到熔融的金属锌液产生白烟的氯化铵，可大幅度降低钢制紧固件热浸镀锌时烟尘的产生，使用该助镀剂的热镀锌工艺更加优化，具有生产成本低廉、助镀质量稳定和可批量生产热镀锌钢制紧固件等优点。

（2）本品的应用工艺中，助镀剂使用温度控制在81～86℃，可使钢制紧固件表面自干燥效果好，镀锌前利用220℃干燥温度去除螺纹内水渍，进一步减少了钢制紧固件与锌液的温度差，加快了锌液与钢基体的反应速率，相应减少了浸锌时间，减小了锌铁合金层的厚度。在助镀剂的使用温度下各成分溶解更加充分，将减少由于钢制紧固件镀锌层的不连续性而出现的漏镀、"黑点"等表面缺陷。

配方 **14** 高分散性碱性镀锌添加剂

原料配比

原料			配比/（g/L）
A组分	载体光亮剂	高分子化合物DPE-Ⅲ	120
	主光亮剂	苄基烟酸鎓盐	40
	辅助光亮剂	咪唑丙氧基缩合物	20
		聚胺砜衍生物	80
		咪唑阳离子季铵盐	8
		2-巯基噻唑啉	2
	净化剂	乙二胺四乙酸二钠	2
	去离子水		加至1L
B组分	辅助光亮剂	脲胺类阳离子季铵盐	125
	去离子水		加至1L

制备方法 将各组分原料混合均匀即可。

原料介绍 所述的载体光亮剂采用环氧氯丙烷与乙二胺及二甲氨基丙胺合成的高分子化合物DPE-Ⅲ。

所述的主光亮剂采用的是氯苄与烟酸型有机物的合成物苄基烟酸鎓盐。

所述的辅助光亮剂采用的是咪唑丙氧基缩合物、聚胺砜衍生物、咪唑阳离子季铵盐、2-巯基噻唑啉以及脲胺类阳离子季铵盐。

所述的净化剂采用的是乙二胺四乙酸二钠。

产品应用　本品主要是一种高分散性碱性镀锌添加剂，应用实例如下。

原料	配比/(g/L)				
	1#	2#	3#	4#	5#
氧化锌	10	11	12	12	11
氢氧化钠	140	130	140	120	120
光亮剂	16（体积份）	13（体积份）	15（体积份）	16（体积份）	15（体积份）
辅助剂	2.0（体积份）	2.5（体积份）	4（体积份）	3（体积份）	3（体积份）
净化剂	1（体积份）	1.5（体积份）	1（体积份）	1（体积份）	1.5（体积份）
A组分	170（体积份）	180（体积份）	220（体积份）	240（体积份）	160（体积份）
B组分	80（体积份）	90（体积份）	140（体积份）	160（体积份）	150（体积份）
去离子水	加至1L	加至1L	加至1L	加至1L	加至1L

使用方法：所述的高分散性碱性镀锌添加剂，其适用的操作条件为：镀液中锌与氢氧化钠的质量比为1:（10~14），阴极与阳极面积比1:（1~2）；适用的温度范围为15~45℃，电流密度为1~8A/dm²。

产品特性　采用本品后，镀液性能有较大提高，其中咪唑丙氧基缩合物用以增强低电流区的极化，提高镀层亮度；聚胺砜衍生物作为镀锌高温载体，提高镀液耐高温性能；咪唑阳离子季铵盐扩大光亮电流密度范围；2-巯基噻唑啉作为整平剂；脲胺类阳离子季铵盐提高镀液的分散性能，使高低电流区镀层厚度均匀。

配方 **15** 高耐蚀镀锌光亮剂

原料配比

原料		配比（质量份）				
		1#	2#	3#	4#	5#
阴离子表面活性剂	脂肪醇醚磺酸盐	35	—	25	—	32
	异构醇醚磺酸盐	—	30	—	28	—
非离子表面活性剂	辛癸醇聚氧乙烯醚	15	—	14	—	13
	辛基酚聚氧乙烯醚-21	—	12	—	10	—
苯并三唑		1	2	1	2	1
扩散剂 NNF		8	5	6	7	4

续表

原料		配比（质量份）				
		1#	2#	3#	4#	5#
增光剂	邻氯苯甲醛	15	—	—	13	—
	亚苄基丙酮	—	11	—	—	12
	苯甲酸钠	—	—	10	—	—
去离子水		25	30	35	50	40

制备方法 将阴离子表面活性剂、非离子表面活性剂、NNF 和增光剂加入水中溶解，混合均匀后，苯并三唑用水溶解后加入，混合均匀即可，用于溶解苯并三唑的水的温度为 100℃。

产品特性 本品在提升金属的镀锌层光亮度的同时，能够提升镀锌层的耐蚀性能，减少氧化白点，延长镀锌层表面的光亮度的维持时间。

配方 16 高效多功能批量热镀锌酸洗添加剂

原料配比

原料		配比/(g/L)					
		1#	2#	3#	4#	5#	6#
缓蚀剂	Lan-826	100	—	—	100	—	—
	十七烯基胺乙基咪唑啉季铵盐	—	100	—	50	—	—
	十二烷基双羟乙基甲基氯化铵	50	—	80	50	—	—
	尿素	—	100	—	—	40	—
	苯并三氮唑	—	—	—	40	—	—
	若丁	—	40	120	—	100	180
	硫脲	50	—	40	—	100	60
抑雾剂	脂肪酸甲酯磺酸盐	50	—	—	—	—	—
	脂肪醇聚氧乙烯醚硫酸钠	—	—	100	—	60	60
	十二烷基硫酸钠	50	—	—	—	—	—
	α-烯基磺酸钠	—	60	—	60	—	—
	十二烷基苯磺酸钠	—	60	—	—	60	—
	氟化钠	—	—	20	20	—	40
除铁剂	酒石酸	50	—	—	100	—	60
	亚硫酸钠	—	—	—	—	60	—

续表

原料		配比/(g/L)					
		1#	2#	3#	4#	5#	6#
除铁剂	草酸	50	—	50	—	60	40
	没食子酸	—	40	—	—	—	—
	苹果酸	—	40	—	—	—	—
	柠檬酸	—	40	60	—	—	—
螯合剂	单宁酸	—	—	100	—	—	—
	植酸	—	60	—	120	80	50
	HEDP	100	50	—	—	—	60
	三乙醇胺	—	—	—	—	40	—
促进剂	TX-10	—	80	120	60	120	70
	JFC	100	40	—	60	—	40
乳化剂	AEO-9	50	—	60	60	—	60
	吐温-60	50	—	—	—	80	—
	油醇聚氧乙烯醚	—	60	—	60	—	—
	椰子油脂肪酸二乙醇酰胺	—	60	—	—	—	50
	油酸三乙醇胺	—	—	—	60	40	—
	水	加至1L	加至L	加至1L	加至1L	加至1L	加至1L

制备方法 将各组分进行溶解后混合均匀，即可得本添加剂。

产品应用 本品主要是一种高效多功能批量热镀锌酸洗添加剂。

使用方法：本添加剂与批量热镀锌前处理酸洗液的质量比为1:100。

用本品初次配制酸洗液时，酸洗液中盐酸的质量分数为15%。

产品特性

（1）本品的突出特点为，缓蚀、抑雾、除油（脱脂）、除铁（抑制铁离子上升速度）、加速（渗透）、循环使用等多项功能同步进行。

（2）经本品酸洗添加剂处理后的工件，热浸镀锌时能降低锌层厚度，减少锌耗，镀层均匀光亮。

配方 **17** 含硫酸盐的添加剂

原料配比

原料	配比（质量份）
硫酸盐	90～120
酞酸二甲酯	15～19

原料	配比（质量份）
月桂基磺化琥珀酸单酯二钠	13～17
脂肪醇聚氧乙烯醚（3）磺基琥珀酸单酯二钠	5～9
椰油酸单乙醇酰胺磺基琥珀酸单酯二钠	3～5
单月桂基磷酸酯	4～9
亚甲基双萘磺酸钠	17
维生素 B_3	1～5
去离子水	适量

制备方法

（1）称量硫酸盐，并加入 85～89℃ 的热水中，搅拌，充分溶解；热水与硫酸盐的质量比为（15～17）：1。

（2）称量亚甲基双萘磺酸钠，缓慢倒入（1）得到的溶液中，搅拌，充分溶解；搅拌速率为 100～130r/min。

（3）依顺序将称量好的酞酸二甲酯、月桂基磺化琥珀酸单酯二钠、脂肪醇聚氧乙烯醚（3）磺基琥珀酸单酯二钠、椰油酸单乙醇酰胺磺基琥珀酸单酯二钠倒入，搅拌 2～3h 后，于 75～79℃ 下保温静置 1～2h。

（4）在（3）得到的液体内加入单月桂基磷酸酯和维生素 B_3，搅拌使其充分溶解。

（5）保持温度为 75～79℃，搅拌 20～23h，然后静置 12～15h，过滤，即得到添加剂。过滤采用减压过滤方式。

原料介绍 所述的硫酸盐为硫酸钠和硫酸钾的混合物。

产品特性 通过以上组分之间的相互协同作用，本品能够大大提高镀锌层的致密性，为硫酸盐的应用提供了更广泛的空间。

配方 18 含铝镀锌液专用助镀剂

原料配比

原料		配比（质量份）		
		1#	2#	3#
草木灰提取物滤渣	草木灰	500	300	400
	10%盐酸	1000（体积份）	800（体积份）	900（体积份）
改性涤纶短纤	直径为1.4mm的涤纶纤维	300	200	250
	15%氢氧化钠	700（体积份）	500（体积份）	600（体积份）
	活化酵母液	100（体积份）	80（体积份）	90（体积份）

续表

原料		配比（质量份）		
		1#	2#	3#
煅烧料	柠檬酸	30	20	25
	8%硝酸铈溶液	600（体积份）	400（体积份）	500（体积份）
	改性涤纶短纤	100	80	90
煅烧料		5	3	4
氟化钙		5	3	4
乳化剂OP-10		4	2	3
吐温-60		0.6	0.4	0.5
草木灰提取物滤渣		20	15	17
2g/L多巴胺溶液		100	80	90
去离子水		40	30	35

制备方法

（1）首先称取300～500g草木灰，倒入盛有800～1000mL质量分数为8%～10%盐酸的烧杯中，再将烧杯移入数显测速恒温磁力搅拌器，于温度为75～85℃，转速为300～500r/min条件下，恒温搅拌混合20～40min，再将烧杯中物料过滤，得滤液；将所得滤液转入旋转蒸发仪，于温度为80～85℃，压力为0.06～0.08MPa条件下，旋蒸浓缩30～45min，得浓缩液；将所得浓缩液转入冰箱中，于温度为2～4℃条件下冷藏3～5h，再将冷藏后的浓缩液过滤，得滤渣；将所得滤渣转入烘箱中，于温度为105～110℃条件下干燥至恒重，得草木灰提取物滤渣。

（2）再称取200～300g直径为1.0～1.4mm的涤纶纤维，切割成长度为2～4cm涤纶短纤，并将所得涤纶短纤倒入盛有500～700mL质量分数为10%～15%氢氧化钠溶液的烧杯中，用玻璃棒搅拌混合10～20min后，静置浸泡3～5h，再将烧杯中物料过滤，并用去离子水洗涤滤饼直至洗涤液呈中性，得预处理涤纶短纤；将所得预处理涤纶短纤倒入盛有800～1000mL自制液体培养基的发酵罐中，并向发酵罐内加入80～100mL活化酵母液，用消毒后的玻璃棒搅拌混合10～20min后，将发酵罐密封，于温度为28～30℃条件下，恒温密闭发酵10～12h，再将发酵罐内物料过滤，得改性涤纶短纤；称取20～30g柠檬酸，倒入盛有400～600mL质量分数为6%～8%硝酸铈溶液的三颈烧瓶中，用玻璃棒搅拌混合20～30min后，向三颈烧瓶中加入80～100g所得改性涤纶短纤，再将三颈烧瓶移入水浴锅中，于温度为28～30℃条件下，以3～5mL/min速率向三颈烧瓶中物料通入空气，持续通入3～5h后将三颈烧瓶中物料转入离心机，以6800～

7000r/min 转速离心分离 10～15min，弃去上层液，得下层沉淀物；将所得下层沉淀物用去离子水洗涤 3～5 次，再将洗涤后的下层沉淀物转入烘箱中，于温度为 105～110℃条件下干燥至恒重，并将干燥后的下层沉淀物转入马弗炉，以 3～5℃/min 速率程序升温至 780～800℃，保温煅烧 2～4h 后，随炉冷却至室温，出料，得煅烧料。

（3）按质量份数计，在混料机中依次加入 3～5 份所得煅烧料，3～5 份氟化钙，2～4 份乳化剂 OP-10，0.4～0.6 份吐温-60，15～20 份草木灰提取物滤渣，80～100 份浓度为 2g/L 多巴胺溶液，30～40 份去离子水，于温度为 45～55℃，转速为 600～800r/min 条件下，恒温搅拌混合 2～4h 后，自然冷却至室温，出料，即得含铝镀锌液专用助镀剂。

原料介绍　所述的自制液体培养基是由 10～20g 蔗糖，8～10g 葡萄糖，0.3～0.5g 磷酸二氢钾，0.1～0.2g 氯化镁，0.1～0.2g 氯化钙，0.2～0.4g 硫酸亚铁，8～10mL 葡萄汁与 1000～1200mL 去离子水混合而成的。

活化酵母液的具体配制步骤为：称取 4～8g 活性干酵母，倒入盛有 100～150mL 预热至 33～35℃温水的烧杯中，用玻璃棒搅拌活化 25～30min，得活化酵母液。

产品特性

（1）本品首先利用盐酸与草木灰反应，草木灰中主要成分为碳酸钾，另外还含有磷，碳酸钾和含磷成分与盐酸反应后，生成相应的金属盐酸盐和金属磷酸盐而溶解在水中，经浓缩后冷却结晶，降低水中可溶性盐类的溶解度可使其结晶析出。析出的金属盐酸盐和磷酸盐作为草木灰提取物滤渣中主要有效成分，在使用过程中，磷酸盐与助镀剂中铝反应，生成磷酸铝，生成的磷酸铝熔沸点相比于氯化铝较高，可将体系中部分氯化铝固定包覆，避免在较低温度下氯化铝升华而引起生产现场有大量有害烟雾。

（2）本品利用碱液腐蚀涤纶纤维，使涤纶纤维表面形成凹坑，再和酵母菌混合发酵，使酵母菌固定生长于涤纶纤维凹坑中。接着利用酵母菌三羧酸循环消耗柠檬酸，使溶液中络合的铈离子释放，同时酵母菌有氧呼吸产生的二氧化碳使酵母菌周围溶液中碳酸根离子浓度提升，与铈离子结合形成碳酸铈晶体，并被酵母菌表面的有机质吸附，从而固定于涤纶纤维凹坑中，避免碳酸铈晶体进一步长大团聚，再经煅烧制得超细纳米级别的氧化铈，在助镀剂中可发挥改善电镀液的电流效率的作用，同时配合多巴胺溶液优异的成膜性能，抑制氯化铝的产生，从源头上解决氯化铝升华的问题。

配方 **19** 环保型镀锌用光亮剂

原料配比

原料		配比（质量份）		
		1#	2#	3#
环保型镀锌用光亮剂基液	异丙醇	110	105	100
	烷基糖苷	43	42	40
	氨基甲酸酯	32	28	27
	环氧氯丙烷	25	24	22
	催化剂	7	6	4
环保型镀锌用光亮剂基液		50	45	40
阴离子表面活性剂		25	23	20
脂肪酸聚乙二醇酯		13	12	10
添加剂		7	5	4
催化剂	强酸性苯乙烯系阳离子交换树脂	2	2	2
	氢型阳离子交换树脂	1	1	1
阴离子表面活性剂	十二烷基硫酸钠	5	4	2
	脂肪醇聚氧乙烯醚硫酸钠	3	3	3
添加剂	5-硝基水杨酸	1	1	1
	丙烯酸树脂乳液	2	2	2

制备方法

（1）按质量份数计，取 100～110 份异丙醇、40～43 份烷基糖苷、27～32 份氨基甲酸酯、22～25 份环氧氯丙烷、4～7 份催化剂；

（2）将异丙醇、烷基糖苷、环氧氯丙烷放入反应釜中，在 50～60℃下预热 30～50min，使用柠檬酸调节 pH 至 4.0～4.5，使用氮气保护，升温至 70～80℃，保温 7～9h；

（3）在保温结束后，加入氨基甲酸酯及催化剂，升温至 105～110℃，搅拌反应，自然冷却至室温，收集反应混合物，过滤，收集滤液，调节 pH 至中性，再对滤液进行减压蒸馏回收异丙醇，收集剩余液；

（4）将剩余液进行减压浓缩，收集浓缩液，得环保型镀锌用光亮剂基液；

（5）按质量份数计，取 40～50 份环保型镀锌用光亮剂基液、20～25 份阴离子表面活性剂、10～13 份脂肪酸聚乙二醇酯、4～7 份添加剂搅拌混合，即得环保型镀锌用光亮剂。

原料介绍　所述催化剂由强酸性苯乙烯系阳离子交换树脂、氢型阳离子交换树脂按质量比 2∶1 混合而成。

所述阴离子表面活性剂由十二烷基硫酸钠、脂肪醇聚氧乙烯醚硫酸钠按质量比（2～5）∶3混合而成。

所述添加剂由5-硝基水杨酸、丙烯酸树脂乳液按质量比1∶2混合而成。

产品特性　本产品以环保型表面活性剂烷基糖苷、氨基甲酸酯作为原料，烷基糖苷具有优良的分散、起泡的功能，但是其浊点低，因此本产品通过烷基糖苷与环氧氯丙烷进行醚化反应，形成氯化醇烷基糖苷，再在催化剂的作用下，使其上的羟基与氨基甲酸酯上的酯基进行反应，通过氨基甲酸酯提高烷基糖苷的浊点，并且提高了与锌离子的结合能力，抑制了电子传递反应，增大了锌沉积过程中的极化，扩大了电流密度范围，同时增加了锌离子在基材表面的分散性能。还加入了阴离子表面活性剂及脂肪酸聚乙二醇酯，通过阴离子表面活性剂减少镀层表面针孔现象的产生，利用5-硝基水杨酸、丙烯酸树脂乳液的复配作用可以有效抑制晶体的成长，使晶核形成的速度大于晶核成长的速度，从而使结晶更加细致，整平性更好，镀层光亮。

配方 **20** 环保型热镀锌助镀剂

原料配比

原料	配比/(g/L)				
	1#	2#	3#	4#	5#
氯化锌	90	270	140	240	200
氯化钠	30	8	24	12	19
氯化钙	4	14	6	12	7
氟化钾	60	20	50	30	42
聚氧化乙烷烷化醚	0.1	8	0.5	5	0.9
氟硅酸钠	5	0.1	3	0.3	0.6
N-丙基-N-羟乙基全氟辛基磺酰胺	0.1	6	0.4	4	0.7
水	加至1L	加至1L	加至1L	加至1L	加至1L

制备方法　将各组分原料混合均匀即可。

产品特性　本品不含铵盐，不仅能彻底消除热镀锌烟雾对大气环境的污染，还能提高镀件表面性能。其中，氯化锌溶于水生成络合酸-羟基二氯合酸锌而具有显著酸性，能溶解金属氧化物，主要起防止热镀时镀件表面被二次氧化的作用，同时能在熔化时增加锌液对铁件表面的润湿性；氯化钠的加入可以使盐膜容易干透，同时减少烟尘的产生，从而减小对环境的危害；氯化钙可以降低熔池与基体结合面的张力，增强熔池对钢基的浸润能力，增强基体与熔池反应的活性；

氟化钾在水中的溶解度大，保证了助镀后基体上含有一定量的钾、氟元素，从而使镀件表面达到充分的润湿，提高表面性能；聚氧化乙烯烷化醚、氟硅酸钠、N-丙基-N-羟乙基全氟辛基磺酰胺相互配合使用可以降低助镀剂的表面张力，改善了助镀剂对镀件的润湿和黏附覆盖能力，也提高了锌基金属液对镀件的润湿性，可改善镀层的均匀性。

配方 21 环保型热浸镀锌用封闭处理剂

原料配比

原料	配比/(g/L)		
	1#	2#	3#
HNO₃	20（体积份）	30（体积份）	25（体积份）
Na₂SiO₃	30	50	40
H₃PO₄	5（体积份）	10（体积份）	8（体积份）
H₂O₂	25（体积份）	40（体积份）	30（体积份）
植酸	3（体积份）	5（体积份）	4（体积份）
Zn(H₂PO₄)₂	18	10	15
虫胶酒精溶液	3（体积份）	0.5（体积份）	2（体积份）
去离子水	加至1L	加至1L	加至1L

制备方法 首先将 Na_2SiO_3 加入去离子水中，然后添加 HNO_3、H_3PO_4、H_2O_2、$Zn(H_2PO_4)_2$，最后添加植酸和虫胶溶液。

原料介绍 所述的虫胶溶液为虫胶含量2%的酒精溶液，也可以是虫胶含量10%的氢氧化钠溶液。

产品应用 本品主要用于钢铁制件表面热浸镀锌层的钝化或封闭处理。

所述处理剂用于热浸镀锌层的封闭处理时，工作条件为：pH值为3～5，温度为室温～40℃，处理时间为15～30s，其中pH值可用 H_3PO_4 或 H_2O_2 调整。

产品特性

（1）本品组成中不含铬，封闭处理时镀锌层表面封闭膜层的形成过程不发生铬化合物的转变，所以镀锌层表面的封闭膜层中也不含铬；另外，封闭处理剂的废弃液中也不含铬。所以本品在配制、使用、废弃处理过程中不存在铬的污染，具有无铬的环保特征。

（2）热浸镀锌层经本品处理后可在镀层表面获得外观色泽均匀、覆盖完整的保护膜，可显著提高镀层的耐蚀性能。

配方 **22** 环保型无氰碱性镀锌净化添加剂

原料配比

原料	配比（质量份）	
	1#	2#
层状复合偏硅酸钠（ISS）	10	10
层状复合硅酸钠（APSM）	3	50
黄原酸酯类	0.5	—
二硫代氨基甲酸盐类衍生物（DTC类）	—	1
1,3,5-三嗪-2,4,6-三硫醇三钠盐（TMT-Na$_3$）	—	2

制备方法 将各组分原料混合均匀即可。

产品应用 本品主要是一种环保型无氰碱性镀锌净化添加剂。使用量为在每升镀液中添加0.63~1.35g。

产品特性 本品采用离子交换方式去除溶液中的钙镁离子，通过络合成不溶物形式除去溶液中的各类金属杂质，本品净化剂用量少，成本低，性能稳定，几乎不影响镀液性能，同时在一定程度上能提高镀液的深镀（走位）能力。

配方 **23** 环保型无氰碱性镀锌用光亮剂

原料配比

原料	配比（质量份）		
	1#	2#	3#
聚乙烯亚胺	10	15	20
咪唑丙氧基缩合物	15	20	25
氮杂环类衍生物	25	30	35
改性芳香醛类化合物	13	18	13~23
水	400	450	500
环氧氯丙烷	70	75	80

制备方法

（1）将聚乙烯亚胺、咪唑丙氧基缩合物、氮杂环类衍生物、改性芳香醛类化合物和水加入反应器中，升温至45℃。

（2）将环氧氯丙烷加入滴液漏斗中，缓慢滴入（1）的反应器中并搅拌反应；反应温度不超过45℃，滴加时间为3~5h。

（3）经过（2）滴加完环氧氯丙烷后，将反应器的温度升高至80℃，搅拌反应6h，得到环保型无氰碱性镀锌用光亮剂。

产品特性

（1）本品可以使镀件在碱性无氰镀锌电镀液中获得全片镜面光亮的锌镀层，电流密度范围宽，可得到表面平整、抗变色性好、耐腐蚀耐磨性高的镀层。

（2）本品应用于无氰碱性镀锌电镀液中，镀层结合力好，分散能力和覆盖能力佳，电镀废水处理更容易，维护简单，经济实用。

配方 24 机械镀锌水性封闭剂

原料配比

原料	配比（质量份）							
	1#	2#	3#	4#	5#	6#	7#	8#
聚季铵盐	12	22	15	21	16	19	17	19
硅酸盐	12	19	13	17	14	16	16	15
丙烯酸聚合物	5	15	6	12	7	11	10	9
磷矿粉	3	9	4	8	5	8	6	6
氧化锌	8	17	9	16	10	15	12	12
醋酸镍	2	6	3	6	4	6	4	4.5
乙二醇	1	5	2	5	2	4	3	3.5
偶联剂	0.6	1.8	0.6	1.5	0.7	1	1.2	1
防锈添加剂	1.5	3	1.8	2.5	1.8	2	2.3	2.1
防锈成膜剂	0.8	2	0.9	1.8	1	1.6	1.4	1.3
环氧改性助剂	0.2	0.7	0.3	0.6	0.3	0.5	0.4	0.45
去离子水	5	10	6	9	7	8	7	8

制备方法　将各组分原料混合均匀即可。

原料介绍　所述硅酸盐为硅酸钠、硅酸钾或硅酸锂中的一种或任意两种以上的混合物。

所述偶联剂为硅烷偶联剂、钛酸酯偶联剂、偶联苯胺中的一种或者几种。

所述防锈添加剂为N-油酰（基）肌氨酸十八胺盐或石油磺酸盐。

所述防锈成膜剂为烷基酚氨基树脂或叔丁基酚甲醛树脂。

产品特性

（1）本品有很高的防腐性能和极强的附着力，不含甲醛、苯、重金属等有害物质，有利于环境保护，封闭剂涂层外观平整，干燥时间短，耐酸碱性能强，同时封闭后的型材表面质量良好，不起粉霜；

（2）本品抗中性盐雾试验时间及抗蚀能力提高三倍以上，起到增强防腐的作用，成本低廉，操作简单，使用方便。

配方 **25** 机械镀锌铜过程沉积铜用添加剂

原料配比

原料	配比（质量份）		
	1#	2#	3#
硫酸铜	2	3	2.5
抗坏血酸	0.6	1	0.8
钠基膨润土	1	2	1.5
硫酸亚锡	15	18	16
OP-10	1	2	1.5
浓硫酸	3	5	4
聚乙二醇600	4	2	3
水	加至100	加至100	加至100

制备方法　将各组分原料混合均匀即可。

产品应用　本品是一种机械镀锌铜过程沉积铜用添加剂，用于小五金类钢铁制件表面的锌铜复合镀覆处理。

将钢铁制件除油除锈处理后，首先采用传统的机械镀锌方法，在钢铁制件表面镀覆所要求厚度的锌层，然后在锌层表面镀铜，施镀工艺流程为：机械镀锌→加入铜粉→加入添加剂→漂洗→卸料→烘干，每次加入铜粉和添加剂后可获得一定厚度的铜层，铜粉和添加剂可循环加入，则沉积铜层厚度不断增加，具体包括以下步骤：

（1）机械镀锌：采用传统的机械镀锌工艺方法在钢铁制件表面获得所要求厚度的镀锌层；

（2）加入铜粉：向机械镀设备的镀筒内添加铜粉，添加的铜粉可以为球状铜粉或片状铜粉，根据镀铜层厚度的要求，可选择循环多次加入铜粉；

（3）加入添加剂：待机械镀设备的镀筒内铜粉混合均匀时及时添加计算量的添加剂，当循环多次加入铜粉时则要求每次加入铜粉后及时加入添加剂；

（4）漂洗：最后一次加入添加剂后3～5min，向机械镀设备的镀筒内添加足量的自来水；

（5）卸料：漂洗1～2min后将镀筒内的物料倾倒出，并进行分离；

（6）烘干：将锌铜复合机械镀零件在不高于180℃时干燥，也可采用热风干燥，干燥时间以将镀件表面的水分完全干燥、镀铜层外观不变色为准。

产品特性

（1）本品使用方便，添加剂为水溶液状态，可以提前配制好存放备用，本品的加入量只与基体的待镀表面积有关，可据待镀表面积计算后直接称量使用，不需要进一步扩配和复配，本品添加剂的组成中不含有毒有害或剧毒物质，其组成物均为常用化工原料，配制方便，使用安全。

（2）采用本品，可实现钢铁制件的耐蚀加装饰双重效果，且根据所添加铜粉的成分和颜色不同，可以获得青金、红金、青红金、古铜等多种铜层外观。

配方 **26** 钾盐镀锌、硫酸盐镀锌通用型光亮剂

原料配比

原料	配比（质量份）
C_6H_5COONa	55～65
$C_{10}H_{10}O$	20～25
$RO(CH_2CH_2O)_3SO_3NH_4$	200～300
NNO 扩散剂	70～90
脂肪醇聚氧乙烯醚（OP）	10～15
$C_6H_5NO_2$	2.5～3.5

制备方法

（1）将计算量的 C_6H_5COONa 倒入少量热水（80℃）中，搅拌使其充分溶解；

（2）将计算量的 NNO 扩散剂倒入，搅拌使其充分溶解；

（3）分别将计算量的 $C_{10}H_{10}O$ 和 $RO(CH_2CH_2O)_3SO_3NH_4$ 缓慢倒入，搅拌均匀；

（4）将计算量的 OP 缓慢加入，迅速搅拌使其溶解；

（5）将计算量的 $C_6H_5NO_2$ 加入，搅拌使其溶解；

（6）保持 70℃ 左右的温度搅拌 24h 以上，然后静置 24h 后过滤。

产品应用 钾盐镀锌赫尔槽（250mL）实验中，本品使用方法：

（1）配制通用的氯化钾镀锌溶液，并调整 pH 值。

（2）将 2mL 光亮剂边搅拌边加入氯化钾镀锌溶液，使其混合均匀。

（3）再次调整镀液 pH 值，使其在工艺范围之内。

（4）控制温度在 30℃ 左右时，进行电镀，8min 后观察镀层质量。

（5）依次增加光亮剂的用量（每次增加 1mL），至镀层发雾。

（6）比较各样板镀层质量，得出光亮剂用量的最佳范围。

（7）向钾盐镀锌赫尔槽中加入适量的光亮剂，调整 pH 值至工艺范围。

（8）从 10℃开始，改变温度，依次进行镀锌，至镀层模糊。

（9）比较各样板镀层质量，得出最佳的温度范围。

硫酸盐镀锌赫尔槽（250mL）实验中，本品使用方法：

（1）配制通用的硫酸盐镀锌溶液，并调整 pH 值。

（2）将 2mL 光亮剂边搅拌边加入硫酸盐镀锌溶液，使其混合均匀。

（3）再次调整镀液 pH 值，使其在工艺范围之内。

（4）控制温度在 30℃左右时，进行电镀，8min 后观察镀层质量。

（5）依次增加光亮剂的用量（每次增加 1mL），至镀层发雾。

（6）比较各样板镀层质量，得出光亮剂用量的最佳范围。

（7）向硫酸盐镀锌赫尔槽中加入适量的光亮剂，调整 pH 值至工艺范围。

（8）从 10℃开始，改变温度，依次进行镀锌，至镀层模糊。

（9）比较各样板镀层质量，得出最佳的温度范围。

产品特性　本品能通用于钾盐镀锌与硫酸盐镀锌，生产中便于管理，方便操作。该光亮剂能显著提高镀层的光亮性、整平性与致密度，在 2A 赫尔槽实验中可达到试片全面积光亮的要求。

配方 27 钾盐体系专用的复配光亮剂

原料配比

原料		配比（质量份）	
		1#	2#
无氰镀锌光亮剂	茴香醛	13.6	—
	藜芦醛	—	32.5
	冰醋酸	45.8	65.8
	水	300（体积份）	500（体积份）
	亚硫酸钠饱和水溶液	10.5	—
	焦亚硫酸钠饱和水溶液	—	25.5
	植酸水溶液	12.4	28.6
无氰镀锌光亮剂		8	5
1-苄基吡啶-3-羧酸盐		8	8
咪唑丙氧基缩合物		15	—
咪唑与环氧乙烷加成物		—	10
水基阳离子季铵盐		12	10

原料	配比（质量份）	
	1#	2#
丙烷磺酸化聚乙烯亚胺	5	—
改性聚乙烯醇加成物	—	5
去离子水	60	60

制备方法

（1）在反应容器中加入有机醛类化合物、辅助溶剂、水，然后加热升温至40～50℃，滴加还原性药品溶液，滴加时间为50～80min；

（2）滴加完还原性药品溶液后，将反应器的温度升高至80～85℃，在此温度下搅拌反应6～10h后即可获得第一步反应中间体；

（3）再将植酸水溶液缓慢滴加到第一步反应中间体中，滴加时间为30～40min；

（4）滴加完后，反应温度为70～90℃，恒温3～4h，冷却回收即得到无氰镀锌光亮剂；

（5）按配方定量称取各组分，先将去离子水加入带有搅拌器的反应容器中，升温至40～50℃，再依次加入得到的无氰镀锌光亮剂、1-苄基吡啶-3-羧酸盐、咪唑丙氧基缩合物、水基阳离子季铵盐、丙烷磺酸化聚乙烯亚胺并搅拌30～40min，待各组分混匀后，停止搅拌，出料，即得复配光亮剂。

原料介绍 所述有机醛类化合物是香草醛、茴香醛、藜芦醛、肉桂醛、乙基香兰素、苯乙醛、柠檬醛、羟基香茅醛、洋茉莉醛中的一种或一种以上。

所述辅助溶剂是甲醇、乙醇、甲酸、冰醋酸、甲醛、丙酮中的一种。

所述还原性药品是亚硫酸钠、焦亚硫酸钠中的一种。

产品特性 本品可以稳定提高镀层的沉积速率，镀层的脆性小，工作温度范围较宽，在高达50℃时亦能得到光亮镀层，具有良好的低电流区覆盖性能和高分散能力，适合于对形状复杂的零件进行挂镀加工，又很适合低电流密度的滚镀加工，镀后钝化性能良好。易于接受各种类型钝化处理，且对多种金属杂质如钙、镁、铅、镉、铁、铬等都有很好的容忍性；对环境的污染很小，有利于环保。同时钾盐体系碱性无氰镀锌工艺具有较高的镀液电流效率，可使现场电镀时镀层具有较高的沉积速率，缩短生产时间而得到较厚的镀锌层，提高生产效率；钾盐体系碱性无氰镀锌工艺镀液走位能力强，具有较强的深镀能力和均镀能力，镀层整平性效果优良；同时其镀层致密性良好而外观光亮，而且具有良好的低脆性和耐蚀性。本品能提高镀液耐温性和镀层结合力，有利于环保。

配方 **28** 碱性电镀锌镍合金添加剂

原料配比

（1）镍络合剂

原料	配比/(g/L)		
	1#	2#	3#
乙醇胺	150	—	—
N-(2-羟乙基)乙烯二胺	—	120	—
聚丙烯胺（分子量500）	—	145	—
聚乙烯胺（分子量800）	—	—	130
二乙烯三胺	—	—	195
柠檬酸	180	—	—
α-羟基丁酸	—	190	—
葡萄糖	—	—	180
水	加至1L	加至1L	加至1L

（2）锌络合剂

原料	配比/(g/L)		
	1#	2#	3#
N-(2-羟乙基)-N,N′,N′-三乙基乙烯二胺	700	—	—
N,N,N′,N′-四羟乙基乙烯二胺	—	850	—
N,N,N′,N′-四(2,3-二羟丙基)乙烯二胺	—	—	800
水	加至1L	加至1L	加至1L

（3）光亮剂

原料	配比/(g/L)		
	1#	2#	3#
哌嗪	220	—	150
乙烯基乙二醇炔丙基醇酯	100	—	—
N-苯基-3-羧基吡啶氯	—	120	—
丙烷磺酸吡啶鎓盐	—	160	140
水	加至1L	加至1L	加至1L

（4）走位剂

原料	配比/(g/L)		
	1#	2#	3#
亚碲酸钠	8	—	—

原料	配比/（g/L）		
	1#	2#	3#
烯丙基磺酸钠	—	35	—
偏钒酸钠	—	—	3
1-丙炔-3-磺酸钠丙醚	—	—	30
水	加至1L	加至1L	加至1L

制备方法 将各组分溶于水，混合均匀即可。

产品应用 本品主要用于电镀管状件和形状复杂的工件，可以用作滚镀或挂镀的一种碱性锌酸盐的锌镍合金添加剂。

使用方法：电镀的阳极为不溶性阳极镍板，在使用过程中也可以在镀槽中挂锌板或将锌在备用槽中溶解后补充至镀槽，维持镀槽的锌含量稳定。

碱性锌镍合金镀液使用实例如下。

原料		配比/（mL/L）		
		1#	2#	3#
镍源		7	6	8
镍络合剂		4	3.5	4.5
锌络合剂		8	7	8.5
光亮剂		2	1.5	2.5
走位剂		0.2	0.3	0.3
氢氧化钠		10（质量份）	11（质量份）	11（质量份）
氧化锌		120（质量份）	100（质量份）	130（质量份）
水		加至1L	加至1L	加至1L
镍源	硫酸镍	280	320	310
	水	加至1L	加至1L	加至1L

（1）配制锌络合剂、镍络合剂、光亮剂、走位剂、镍源；

（2）镍补充剂的配制：将镍源与镍络合剂加入适量水中，混合均匀得镍补充剂备用；

（3）向容器中加入所需体积50%的水，加入氢氧化钠，搅拌使其溶解后加入氧化锌，继续搅拌至少8h；

（4）待氧化锌完全溶解后，依次加入锌络合剂、镍补充剂、光亮剂、走位剂，搅拌使其混合均匀；

（5）补充水至所需体积，开始试镀。

产品特性

（1）此碱性电镀锌镍合金添加剂具有镀层镍含量稳定、耐磨性和耐蚀性好、可焊性和机械加工性强的优点。通过控制镀液中锌、镍含量及使用合理的络合剂、光亮剂等方法，得到稳定的锌酸盐锌镍合金镀液，此镀液分散能力和深镀能力良好，且镀层合金分布均匀，镀层耐蚀性、耐磨性和耐热性能良好，生产操控和管理简便，废水处理容易。

（2）走位剂的作用是提高金属的分布能力和延展性，特别是镍在低电流区的遮盖能力，提高低电流区合金中镍的含量，提高镀液的深镀能力和分散性能。

（3）能在宽广的电流密度范围内，获得具有极佳的金属分布和恒定的合金组成，镀层镍含量稳定，在 $0.1\sim20A/dm^2$ 范围内可获得含镍量 $14\%\sim16\%$ 的合金镀层。

（4）耐蚀性极佳，合金镀层产生红锈的时间在 750h 左右，是普通镀锌层的 5 倍以上，与当前其他产品（3 倍以上）相比具有较高的抗腐蚀性能。

（5）本品具有极好的分散能力、覆盖能力和较高的电流效率，适用于电镀管状件和形状复杂的工件，可以用于滚镀或挂镀。

配方 **29** 碱性镀锌光亮剂

原料配比

原料		配比（质量份）		
		1#	2#	3#
有机胺与环氧氯丙烷的缩聚物		4	3	5
1-苄基吡啶-3-羧酸盐		1	2	0.5
有机醛	对羟基苯甲醛	0.6	—	—
	3-甲氧基-4-羟基苯甲醛	—	0.1	—
	大茴香醛	—	—	1
植酸		0.8	1	0.4
聚乙烯亚胺		0.8	0.5	0.5
去离子水		85	80	90

制备方法 按配方定量称取各组分，先将去离子水 80～90 份加入带有夹套的搅拌器中，升温至 40～50℃，再加入有机胺与环氧氯丙烷的缩聚物 3～5 份、1-苄基吡啶-3-羧酸盐 0.5～2 份、聚乙烯亚胺 0.5～0.8 份、有机醛 0.1～1 份、植酸 0.4～1 份，搅拌 30～40min，待各组分混匀后，停止搅拌，出料，即得碱性镀锌光亮剂。

产品特性 本品采用有机胺与环氧氯丙烷的缩聚物、1-苄基吡啶-3-羧酸盐、聚乙烯亚胺相匹配，辅以有机醛、植酸并溶于去离子水中的方式，具有镀锌光亮和无氰化物的特点。

配方 **30** 碱性溶液电镀锌镍合金、黄铜的添加剂

原料配比

原料	配比（质量份）		
	1#	2#	3#
三乙醇胺	100（体积份）	100（体积份）	50（体积份）
香草醛	10（体积份）	40（体积份）	5（体积份）
乙醇胺	100（体积份）	120（体积份）	50（体积份）
无水乙醇	10（体积份）	20（体积份）	10（体积份）
香豆素	10	20	10
硫脲	20	60	30
80℃以上去离子水	100（体积份）	200（体积份）	100（体积份）
对甲苯磺酸胺	20	60	30
苯亚磺酸钠	20	60	30
十二烷基硫酸钠	0.1	0.2	0.1

制备方法

（1）首先按体积比量取三乙醇胺、香草醛、乙醇胺，再按照乙醇胺、香草醛、三乙醇胺的次序混合三者，搅拌至均匀，得到混合溶液1；

（2）用少量无水乙醇溶解香豆素和硫脲，加入80℃以上去离子水，再加入对甲苯磺酸胺、苯亚磺酸钠、十二烷基硫酸钠，得到混合溶液2；

（3）最后将上述两混合溶液混合待用。在配制电镀溶液时，按计算量加入。

产品应用 本品是一种碱性溶液电镀锌镍合金、黄铜的添加剂，使用量为10g/L。

产品特性

本品采用碱性溶液镀锌添加剂和镀镍添加剂的原理，通过优化组合而配制的碱性溶液电镀锌镍合金、黄铜添加剂，从而降低了锌镍合金、黄铜在碱性溶液中电镀时添加剂的成本，提高了效率，而且镀层的均匀性、致密性及光亮度、与基体的结合强度都有很大提高，使得少量添加剂有较高的效果。

配方 31 碱性锌酸盐镀锌光亮剂

原料配比

原料	配比（质量份）			
	1#	2#	3#	4#
33%二甲胺	13.6	13	13	13.6
环氧氯丙烷	13.87	13.87	13	13.87
四乙烯五胺	0.55	0.55	0.55	0.5

制备方法 取 12~15g 的质量分数为 33% 的二甲胺加入四颈瓶内，然后加热至 23℃，采用滴液漏斗以 3~4s/滴的速度将 12~15g 的环氧氯丙烷全部滴加至四颈瓶内，滴加完毕后再升温至 25~30℃，反应 1.5~2.5h 后，以 7~8s/滴的速度将 0.1~1g 的四乙烯五胺全部滴加至四颈瓶内，滴加完毕后再升温至 65~75℃，反应 4~5h 后，即得碱性锌酸盐镀锌光亮剂。

产品应用 使用方法具体如下：依次将浓度为 9g/L 的氧化锌溶液、浓度为 120g/L 的氢氧化钠溶液、浓度为 0.18g/L 主光亮剂（茴香醛）和本品得到的浓度为 1.6g/L 的碱性锌酸盐镀锌光亮剂加入电解槽中混合均匀，得电解液，进行活化。活化条件为：阴阳极均为低碳钢，电流密度为 2A/dm², 电压为 1V，活化时间为 12h。活化后取出阳极，以纯锌板作为阳极，在电解液温度为 15~30℃，电流密度为 0.5~10.73A/dm² 的条件下电镀 20min，即完成电镀锌。

产品特性 本品具有电流密度范围宽，在镀液中添加载体光亮剂可以与主光亮剂配合良好，提高阴极极化作用，从而提高光亮电流密度范围。电流密度范围宽一方面可以增长镀液使用寿命，降低电镀成本，另一方面可以改善镀层外观，保障镀层色泽均一，表面平整，光亮电流密度为 0.5~10.73A/dm²。采用本品所得镀锌层镜面光亮，耐腐蚀时间为 20~30h，分散能力为 58.1%，镀层均匀、致密，且有良好的基体覆盖性能。

配方 32 金属零件镀锌光亮剂

原料配比

原料	配比/(g/L)
十六烷基二甲基苄基氯化铵	185（体积份）
硼酸	45
氯化锌	180

原料	配比/(g/L)
氯化钾	200
硫酸镁	15
十二烷基硫酸钠	5.0
酚磺酸	10
苯甲酸	5
亚苄基丙酮	35
去离子水	加至1L

制备方法

（1）分别称取十六烷基二甲基苄基氯化铵和硼酸并将其混合，用去离子水溶解。

（2）在常温状态下，称取氯化锌、氯化钾、硫酸镁、十二烷基硫酸钠、酚磺酸、苯甲酸、亚苄基丙酮后，先将上述药品分别用少量去离子水溶解，然后混合稀释。

（3）将（1）中与（2）中配制好的溶液混合，加入余量水稀释至1L，配制好的溶液pH值为5～6。

产品特性　本品具有均镀性能优良、槽液稳定、镀层均匀、镀速快、污水容易处理、镀层加工工艺性好和物理力学性能稳定等特点。

配方 **33** 金属软管镀锌用助镀剂

原料配比

原料	配比（质量份）			
	1#	2#	3#	4#
氯化铵	31	40	42	40
氯化锌	28	32	35	32
聚乙烯	10	20	22	20
硫酸铁	2	8	9	8
镍粉	3	6	8	6
乳化剂	22	26	28	26
柔顺剂	1	4	4	4
水	51	68	71	68
铁粉	10	14	20	14
增稠剂	1	2	3	2

原料	配比（质量份）			
	1#	2#	3#	4#
硫酸钾	12	17	19	17
锌粉	1	4	5	4
甘油	4	6	9	6
陶瓷粉	—	—	—	1～3

制备方法

（1）按配比称取原料，将镍粉、锌粉加入反应釜中熔融，再加入 1/5～1/4 份的水，搅拌均匀得第一混合物，搅拌速度为 400～450r/min。

（2）将氯化铵、氯化锌、聚乙烯、硫酸铁、剩余量的水、硫酸钾和甘油等混合于反应釜中，加热至 600～700℃得第二混合物。

（3）将铁粉熔融后，加入乳化剂和柔顺剂，搅拌得第三混合物，搅拌速度为 1200～1400r/min。

（4）将第一混合物、第二混合物和增稠剂搅拌均匀后投入挤出机中造粒得半成品，挤出机的挤出温度为 200～240℃，粒径为 20～30mm。

（5）将半成品浸入第三混合物中 10～15℃下浸 20～24h 得助镀剂。

产品特性 该助镀剂成分简单，助镀效果好，镀锌层容易干燥，且制备方法简单，不产生烟雾。另外，制备过程分步进行，铁粉熔融后与乳化剂和柔顺剂混合后作为助镀剂的包衣，随时用随时熔化助镀剂，方便快捷，易于运输。

配方 **34** 硫酸盐镀锌光亮剂

原料配比

原料		配比/(g/L)		
		1#	2#	3#
亚苄基丙酮		20	30	25
烷基酚聚氧乙烯醚		200	300	250
表面活性剂	聚乙二醇	60	70	65
苯甲酸钠		50	90	70
亚甲基二萘磺酸钠		20	60	40
辅助光亮剂	糖精	5	—	—
	烟酸	—	5	—
	苯并三氮唑	—	—	5
去离子水		加至 1L	加至 1L	加至 1L

制备方法 将各组分原料混合均匀即可。

产品应用 本品主要是一种硫酸盐镀锌光亮剂。

产品特性 本品在硫酸盐镀锌工艺中表现出优异的耐盐性。

配方 **35** 亚苄基丙酮镀锌光亮剂

原料配比

原料	配比（质量份）		
	1#	2#	3#
亚苄基丙酮	3	4	2
邻氯苯甲醛	2	1	3
脂肪醇聚氧乙烯醚琥珀酸酯磺酸钠	15	20	10
蓖麻油聚氧乙烯醚酯	11	8	15
萘磺酸钠	3	5	7
烟酸	1.5	1	2
酒石酸钾钠	0.15	0.2	0.05
去离子水	60	70	50

制备方法 按配方定量称取各组分，先将去离子水加入带有夹套的搅拌器中，升温至 60～70℃，再加入亚苄基丙酮、邻氯苯甲醛、脂肪醇聚氧乙烯醚琥珀酸酯磺酸钠、蓖麻油聚氧乙烯醚酯、萘磺酸钠、烟酸、酒石酸钾钠，搅拌30～40min，待各组分混匀后，停止搅拌，出料，即得亚苄基丙酮镀锌光亮剂。

产品特性 本品具有镀锌层光亮和低走位的特点。

配方 **36** 钕铁硼电镀锌铁的弱酸性氯化物体系添加剂

原料配比

原料		配比/（g/L）	
		1#	2#
添加剂 A	载体 TK2-80	100	160
	亚苄基丙酮	10	16
	苯甲酸钠	100	80
	高浓度扩散剂 NNO	80	60
	烟酸	0.1	0.2
	1,4-丁炔二醇	2	1

续表

原料		配比/(g/L)	
		1#	2#
添加剂 A	EDTA-2Na	6	2
	去离子水	加至1L	加至1L
添加剂 B	抗坏血酸	8	12
	酒石酸	8	12
	葡萄糖酸钠	100	140
	酒石酸钾钠	30	50
	去离子水	加至1L	加至1L

制备方法

（1）配制添加剂 A：称取载体 TK2-80 与去离子水混合并恒温搅拌至完全溶解后冷却至室温；称取亚苄基丙酮，然后加入乙醇中，加热搅拌至完全溶解，得到亚苄基丙酮的乙醇溶液；再将冷却后的载体 TK2-80 溶液与主光亮剂亚苄基丙酮的乙醇溶液均匀混合，然后将辅助光亮剂：苯甲酸钠、高浓度扩散剂 NNO、烟酸、1,4-丁炔二醇、EDTA-2Na 逐一加入上述混合溶液中，每加入一种组分后要加热搅拌使其完全溶解后再加入下一个组分；最后用去离子水定容至 1L，得到钕铁硼锌铁合金添加剂 A。

（2）配制添加剂 B：将还原剂抗坏血酸、酒石酸和杂质遮蔽剂葡萄糖酸钠、酒石酸钾钠依次加入去离子水中搅拌直至完全溶解，最后用去离子水定容至 1L，得到钕铁硼锌铁合金添加剂 B。

产品应用　使用方法：配制钕铁硼电镀锌铁合金的弱酸性氯化物镀液，包括如下步骤：

（1）称取氯化锌、氯化钾和硼酸，加入去离子水恒温搅拌至溶解；

（2）将（1）中的溶液冷却至室温后加入添加剂 A，充分搅拌溶解，再加入添加剂 B，充分搅拌溶解；

（3）加入硫酸亚铁充分搅拌至完全溶解，最后加入去离子水定容至 1L，同时用 10%NaOH 或 10%HCl 将镀液 pH 调节到 4.5～5.5，得到如下成分钕铁硼电镀锌铁合金的弱酸性氯化物镀液；

原料	配比/(g/L)	
	1#	2#
氯化锌	50	90
氯化钾	180	230
硼酸	25	35
硫酸亚铁	8	12

原料	配比/(g/L)	
	1#	2#
添加剂 A	12（体积份）	18（体积份）
添加剂 B	80（体积份）	100（体积份）
去离子水	加至 1L	加至 1L

（4）测试：采用计时电位法测定镀液的电流效率、小孔法测定深镀能力和赫尔槽法测定分散能力。

采用所述使用方法得到的钕铁硼电镀锌铁合金的弱酸性氯化物镀液用于钕铁硼合金镀层的接触方式为挂镀和滚镀。步骤如下：

（1）钕铁硼合金试样经过打磨或倒角—除油—水洗—酸洗—超声波洗涤—活化前处理后，在温度为 10～50℃，电流密度为 0.5～3A/dm^2 条件下，采用上述镀液电镀 45～180min 后取出，得到外观光亮致密的锌铁合金镀层；

（2）测试：用三价铬彩色钝化液进行三价铬彩色钝化，中性盐雾试验得出白锈时间为 190～210h。

产品特性

（1）本品与传统锌铁合金电镀相比，提高镀液 pH 值使用范围，保留了其镀层高致密度和耐蚀性的优点，同时采用双还原剂、络合剂和缓冲溶液的方式，提高了镀液的稳定性。

（2）本品能够显著提高钕铁硼镀层耐腐蚀能力，并且可以通用于钕铁硼滚镀和挂镀锌铁合金，降低滚镀件的废品率。

配方 **37** 批量热浸镀锌无烟助镀剂

原料配比

原料	配比（质量份）						
	1#	2#	3#	4#	5#	6#	7#
氯化锌	70	70	70	100	150	200	250
氯化铝	30	30	30	15	10	20	25
氟硅酸钠	5	5	5	10	10	15	20
氨羧化合物	5	10	20	5	10	15	20
非离子表面活性剂	2	2	2	4	6	8	10
阳离子表面活性剂	2	3	4	5	6	7	8

制备方法 将各组分原料混合均匀即可。

原料介绍　所述的非离子表面活性剂包括脂肪醇聚氧乙烯醚和烷基糖苷中的一种或两种。

产品应用　本品主要是一种批量热浸镀锌用助镀剂。使用方法，包括以下步骤：

（1）助镀液复盐总浓度控制在 120～400g/L，助镀液温度为 40～80℃，pH 值为 3～5.5。

（2）工件经酸洗和水洗后，直接浸入助镀液，助镀时间为 5～10min 即可，助镀后将工件烘干，烘干温度为 60～120℃。酸洗采用的是质量分数为 15％～20％盐酸，酸洗时间为 15～60min。

产品特性　本品具有润湿渗透性能，对助镀复合盐具有一定的容纳量的范围，在助镀过程中本品的有效组分先少量附着在工件表面，根据盐膜的生成速度不同分别起到加快或限制的作用，从而有效将复合盐的附着量控制在一定的范围。在低温助镀时，可以加快和提高盐膜附着速度和附着量，避免低温时因为盐膜浓度不足而产生漏镀的问题；在高温助镀时可以控制盐膜附着量，减少产灰量，避免氯化锌过多而产生回潮爆锌的问题。

配方 38　强结合性镀锌光亮剂

原料配比

原料		配比（质量份）		
		1#	2#	3#
备用混合液	油茶籽	50	60	70
	无水乙醇	适量	适量	适量
	15％氨水	适量	适量	适量
	松香树脂	20	25	30
	乙二醇丁醚醋酸酯	150（体积份）	175（体积份）	200（体积份）
复合乳化液	橄榄油	50（体积份）	75（体积份）	100（体积份）
	植物甾醇粉末	4	5	6
	无水乙醇	20（体积份）	25（体积份）	30（体积份）
	石蜡	20	30	40
	70℃热水	150（体积份）	—	—
	75℃热水	—	175（体积份）	—
	80℃热水	—	—	200（体积份）
	烷基苯磺酸钠	4	5	6
	脂肪醇聚氧乙烯醚	5	8	10
	失水山梨醇脂肪酸酯	4	5	6
	烷基酚聚氧乙烯醚	8	9	10

原料	配比（质量份）		
	1#	2#	3#
复合乳化液	40	50	60
备用混合液	12	14	15
亚苄基丙酮	1	2	3
邻氯苯甲醛	5	8	10
丙炔磺酸钠	2	3	4
1,4-丁炔二醇	3	4	5
十二烷基甜菜碱	5	6	7
去离子水	80	90	100

制备方法

（1）称取 $50\sim70g$ 油茶籽，晒干后粉碎，过 $80\sim100$ 目筛，得油茶籽粉末，将油茶籽粉末按质量比 $1:6$ 与无水乙醇混合，混合后，在 $60\sim80℃$ 下浸提 $2\sim3h$，浸提后离心分离得上清液，并将上清液用质量分数 15% 氨水调节 pH 值为 $8.0\sim8.5$；

（2）称取 $20\sim30g$ 松香树脂，加入 $150\sim200mL$ 乙二醇丁醚醋酸酯中，搅拌至固体完全溶解得溶解液，按体积比 $5:1$ 将溶解液和上述调节 pH 值后的上清液混合，搅拌混合 $30\sim50min$，得混合液，备用；

（3）量取 $50\sim100mL$ 橄榄油放入烧杯中，再称取 $4\sim6g$ 植物甾醇粉末加入 $20\sim30mL$ 无水乙醇中，搅拌至固体完全溶解得植物甾醇溶液，将植物甾醇溶液加入烧杯中，排氧后密封，摇晃 $3\sim5min$ 后，得抗氧化油；

（4）称取 $20\sim40g$ 石蜡，加热至石蜡熔化后，加入 $150\sim200mL$ $70\sim80℃$ 热水、$4\sim6g$ 烷基苯磺酸钠和 $5\sim10g$ 脂肪醇聚氧乙烯醚，在 $70\sim80℃$、$600\sim800r/min$ 条件下搅拌混合 $30\sim40min$，搅拌后加入上述抗氧化油、$4\sim6g$ 失水山梨醇脂肪酸酯和 $8\sim10g$ 烷基酚聚氧乙烯醚，继续搅拌混合 $1\sim2h$，得复合乳化液；

（5）按质量份数计，分别选取 $40\sim60$ 份上述复合乳化液、$12\sim15$ 份备用混合液、$1\sim3$ 份亚苄基丙酮、$5\sim10$ 份邻氯苯甲醛、$2\sim4$ 份丙炔磺酸钠、$3\sim5$ 份 1,4-丁炔二醇、$5\sim7$ 份十二烷基甜菜碱和 $80\sim100$ 份去离子水，搅拌混合 $30\sim50min$，即可得到镀锌光亮剂。

产品应用　使用方法：将本品制得的镀锌光亮剂在使用前先以搅拌速率为 $100\sim120r/min$ 搅拌 $10\sim15min$，向镀槽内的镀液中添加搅拌后的镀锌光亮剂，添加量为 $13\sim17mL/L$，添加后搅拌 $30\sim50min$，每工作 $1\sim2h$ 补加一次镀锌光亮剂，每次补加量为 $0.8\sim2.2mL/L$，直至镀件完成即可。镀锌层断口处无粉末状脱落和鼓泡现象，可有效提高镀锌层的光亮度和耐腐蚀性。

产品特性

（1）本品制备步骤简单，所得产品消耗小，二次加工性好；

（2）本品制得的镀锌光亮剂，针对性强，有效增强了其与钝化膜的结合力，无变色现象出现；

（3）本品制得的镀锌光亮剂，在增加光泽度的同时，还具有防锈、抗污染的效果。

配方 **39** 热镀锌抗氧化剂

原料配比

原料		配比（质量份）				
		1#	2#	3#	4#	5#
锌锭		95	96	97	95	96
金属铪		4.5	3	2.2	4	3.5
稀土元素	镧	0.5	—	—	—	—
	镧和钇（任意比例）	—	1	—	—	—
	铈	—	—	0.8	—	0.5
	铈和铽（任意比例）	—	—	—	1	—

制备方法 将配方量的锌锭加热至 $430\sim500℃$ 熔化，同时将配方量的金属铪加热至 $2250\sim2300℃$ 熔化，然后向铪液中加入配方量的稀土元素，待稀土元素熔化后将二者的混合熔体加入锌液中，完全加入后立刻在液面铺满厚度为 $15\sim18cm$ 的木炭，木炭的粒径为 $0.3\sim0.6cm$，然后自然冷却至 $600\sim700℃$ 出炉浇铸，得到热镀锌抗氧化剂。

原料介绍 所述稀土元素为镧、铈、镨、钕、铽、钐或钇中的任意一种或至少两种的组合，例如可以是镧、铈、镨、钕、铽、钐或钇中的任意一种，典型但非限定的组合为：镧和铈；镨和钕；铽和钐；镧和钇；镧、铈和镨；钕、铽、钐和钇；镧、铈、镨、钕、铽、钐和钇等。

产品应用 应用于热镀锌的具体操作为：将锌锭加热至 $500\sim600℃$ 熔化，向其中加入热镀锌抗氧化剂，并在 $450\sim460℃$ 下保温，将经过除锈、助镀处理后的待镀件浸入锌液进行热镀。

产品特性

（1）铪是一种高温性能突出的金属，其与氧相结合可以生成致密的氧化铪浮于锌液表面，使锌液与空气隔绝，从而保护锌液避免被氧化；另外，微量的铪元素和稀土元素能够降低锌合金的熔点，增加锌液的流动性，同时能够改善镀锌层的润湿性能，使锌液在镀件表面均匀平整地铺展开，提高了镀层的均匀性，使其获得更好的表面质量。

（2）本品应用于热镀锌中，可有效抑制锌液的氧化，提高锌锭利用率，降低了生产成本。

（3）本品能有效地消除了针眼、漏镀等情况，使其获得更好的表面质量。

配方 **40** 热镀锌添加剂

原料配比

原料	配比（质量份）
锌	98.5～99.5
铋	0.35～0.4
稀土以及其他元素	0.42～0.48

制备方法 将各组分原料混合均匀即可。

产品应用 使用方法：首次加热镀锌添加剂前需清除底渣，用吊篮将热镀锌添加剂均匀加入，加入时锌液温度一般控制在440～460℃，减少温度波动，可确保镀层质量。

产品特性 本品提高了锌液在镀锌过程的流动性，减薄镀层，降低了锌的消耗，采用添加微量铋来替代铅提高流动性能。铋是一种绿色环保金属元素，与其他元素配合能提高锌液抗氧化和镀层抗腐蚀能力，减薄含硅钢镀层，增加了锌液流动性，提高了镀层均匀性及附着性，改善了镀层外观的色泽；使镀层防腐能力增强，延长了锌锅使用寿命，并可节省锌8%～15%；能达到有效清除锌渣，成为无铅绿色环保产品，而且还能提高产品的耐腐蚀性能。

配方 **41** 树脂型热镀锌无铬钝化剂

原料配比

原料		配比（质量份）									
		1#	2#	3#	4#	5#	6#	7#	8#	9#	10#
成膜剂	丙烯酸树脂乳液	200	40	360	—	—	—	—	50	80	110
	聚氨酯乳液	—	—	—	40	360	—	—	50	80	110
	环氧树脂乳液	—	—	—	—	—	40	360	—	—	—

原料		配比（质量份）									
		1#	2#	3#	4#	5#	6#	7#	8#	9#	10#
锌缓蚀剂	十二碳二元酸	40	30	50	30	50	30	50	35	40	45
	单乙醇胺	120	90	150	90	150	90	150	100	150	120
助剂	醇酯-12	60	50	80	50	80	50	80	70	60	80
	乙二醇	60	40	80	40	80	40	80	60	70	55
	XG-305 低泡水性润湿剂	3	2	5	2	5	2	5	2.5	3	4
水		250	748	275	748	275	748	275	632.5	517	476

制备方法

（1）将十二碳二元酸和单乙醇胺加入 200～300 份水中后，常压下在 70～80℃持续搅拌反应；

（2）当十二碳二元酸白色颗粒完全溶解（溶液呈红棕色液体为止）后，向反应液中分别依次加入醇酯-12、乙二醇和润湿剂，搅拌均匀后再加入成膜剂，再次搅拌均匀后加入溶液质量 2.5～3 倍量的水，搅拌均匀后制得成品。

产品应用　使用方法：在型钢（如角钢）热镀锌后，以浸泡方式进行钝化处理；在钢管、带钢热镀锌线上，以喷涂方式进行钝化处理；在钢丝热镀锌线上，采用浸泡或喷涂方式钝化处理。

产品特性

（1）本品采用沉积型钝化工艺，通过在镀锌层表面生成一层沉积膜，防止镀锌件在储存期间锈蚀，沉积膜与镀锌层可形成牢固的结合力，膜层致密，防锈能力卓越。

（2）本品为水性溶液，钝化液中不含二甲苯、甲醛、丙酮等有害的挥发性成分，也不含铬、铅、汞、镉等有害的重金属，属于环保型钝化液。

（3）本品可根据需要生成不同厚度的钝化膜层，长期使用后，溶液不出现沉淀和分层现象，钝化后镀锌层无明显变化，钝化后的产品在室外存放 2 个月后，经多次雨淋外观无变化，完全满足了生产和使用需要。

配方 **42** 热镀锌用添加剂

原料配比

原料	配比（质量份）								
	1#	2#	3#	4#	5#	6#	7#	8#	9#
稀土氧化物三氧化二铈（Ce_2O_3）	0.25	0.26	0.27	0.28	0.29	0.3	0.32	0.34	0.35

续表

原料	配比（质量份）								
	1#	2#	3#	4#	5#	6#	7#	8#	9#
元素铝（Al）	4	3	5	3	4	5	5	3	4
元素镁（Mg）	2.4	2.8	2	2.2	2.4	2.6	2.3	2.5	2.7
元素硅（Si）	0.4	0.5	0.1	0.2	0.3	0.4	0.2	0.5	0.3
元素锡（Sn）	2	3	2.5	1.5	1	1.5	3	2	2.5
元素铋（Bi）	0.1	0.4	0.3	0.2	0.3	0.1	0.2	0.4	0.3
元素锰（Mn）	0.5	0.7	0.4	0.2	1	0.8	0.3	0.5	0.6

制备方法 将各组分原料混合均匀即可。

产品应用 采用本品的热镀锌方法，包括将基体依次进行酸洗、水洗、助镀、烘干后得预镀基体，将预镀基体浸入所述热镀锌镀剂中进行热镀锌，后经水冷、钝化，即得。

所述热镀锌镀剂的温度为 $440 \sim 460 ℃$，浸镀时间为 $50 \sim 300s$。热镀锌形成的涂层的厚度为 $110 \sim 130 \mu m$。

所述酸洗是采用盐酸进行酸洗。酸洗至基体表面无锈后进行水洗。所述盐酸的质量分数为 15%。

所述助镀所用助镀液的温度为 $80 \sim 100 ℃$，助镀时间为 $40 \sim 60s$。

所述钝化为铬酸盐钝化。为了降低锌的化学活性，采用铬酸盐钝化液进行钝化处理，使锌层表面形成一层铬酸盐转化膜层。

产品特性 使用本品所得热镀锌材料具有优异的耐腐蚀性能，同时，该热镀锌方法形成的稀土改性热镀锌涂层，与基体结合力大幅提高。该热镀锌方法工艺简单，操作方便，成本低，经济效益显著。

配方 **43** 热镀锌助镀剂

原料配比

原料	配比（质量份）				
	1#	2#	3#	4#	5#
NH_4Cl	570	570	570	570	570
$ZnCl_2$	380	380	380	380	380
NaCl	20	20	20	20	20
KCl	20	20	20	20	20

原料	配比（质量份）				
	1#	2#	3#	4#	5#
$SnCl_2$	30	50	70	90	110
去离子水	1000（体积份）	1000（体积份）	1000（体积份）	1000（体积份）	1000（体积份）

制备方法　将各组分原料混合均匀即可。

产品应用　使用方法：选用厚度为 1mm，尺寸为 90mm×60mm 的镀锌钢板，做如下处理：

（1）脱脂用 10%NaOH 和 $KMnO_4$ 的混合液，在 70～80℃，脱脂脱磷化层。

（2）碱洗时间为 1min，其作用是除油。

（3）洗净预镀件表面残余的碱液。

（4）酸洗用 10%～20%硫酸或盐酸水溶液，除去预镀件表面的氧化皮。

（5）将钢板在配制的助镀剂中浸泡 5min。

（6）烘干。

（7）热浸镀后钢丝必须进行冷却，以免未凝固的金属镀层被擦伤而降低产品质量。

产品特性

（1）本品具有良好的成分稳定性，能够有效防止热镀锌钢板表面的铁被氧化，并且溶剂在热浸时能够迅速分解。

（2）本品能够有效剥离钢板表面残留的氧化铁薄膜，提高钢板表面活性，降低合金溶液的表面张力，提高合金液对钢板基体的浸润性，防止经脱脂、除锈得到的洁净的钢板基体表面被再次氧化，并且本品所述助镀剂不含 F，对环境无污染。

配方 **44**　热镀锌用助镀剂

原料配比

原料	配比（质量份）					
	1#	2#	3#	4#	5#	6#
$ZnCl_2$	80	80	80	80	80	80
NH_4Cl	27	40	53	60	80	53
$SnCl_2 \cdot 2H_2O$	—	32.5	—	17	19	—
KCl	—	15	15	15	15	15
$CaCl_2$	—	—	19	19	17	

续表

原料	配比（质量份）					
	1#	2#	3#	4#	5#	6#
$AlCl_3 \cdot 6H_2O$	—	—	—	—	12.5	12.5
表面活性剂：十六烷基三甲基溴化铵（CTAB）	3	3	3	3	3	3
硅烷偶联剂 KH560	7（体积份）	7（体积份）	7（体积份）	7（体积份）	7（体积份）	7（体积份）
乙醇	130（体积份）	120（体积份）	140（体积份）	135（体积份）	150（体积份）	144（体积份）
去离子水	500	500	500	500	500	

制备方法

（1）向去离子水中加入无水乙醇后搅拌均匀，得混合液 A，搅拌时体系温度为 30～80℃。

（2）用乙酸调整混合液 A 的 pH 为 3～4，得混合液 B，向混合液 B 中加入表面活性剂和硅烷偶联剂后搅拌 1～2h，得混合液 C。搅拌时体系温度均为 30～80℃。

（3）将 $ZnCl_2$、NH_4Cl 和复配盐类加入混合液 C 中后搅拌 30～100min，得助镀剂。搅拌时体系温度均为 30～80℃。

原料介绍 所述复配盐类包括 $SnCl_2 \cdot 2H_2O$、KCl、$CaCl_2$、$AlCl_3 \cdot 6H_2O$ 中的至少两种。

产品应用 本品主要用于助镀处理，是一种能够有效防止镀件表面漏镀产生的热镀锌铝镍稀土合金的助镀剂。

采用本品助镀剂的热浸镀工艺包括以下工序：

（1）除油：将钢片置于温度为 80℃、质量分数为 10% 的 NaOH 水溶液中浸泡 30min。

（2）酸洗：将除油后的钢片置于体积分数为 15% 的盐酸中浸泡 60min。

（3）水洗：将酸洗后的钢片放在流动的清水中，并用刷子将表面清洗干净（酸洗、水洗是为了除锈）。

（4）助镀：将配制好的助镀剂置于恒温至 60℃ 的水浴中，待助镀剂加热至 60℃ 后，将除油以及除锈后的钢片放入助镀剂中浸泡 30s。

（5）烘干：将助镀后的钢片放入烘干箱烘干，留作热浸镀。烘干温度在 80～120℃ 之间，避免温度过高导致助镀剂发生灼烧而失效。

（6）热浸镀：经过（5）后，将钢片在温度为 460～500℃ 的锌铝镍稀土合金液中进行热浸镀，得到镀锌件，热浸镀的时间为 80s。

产品特性 本品所述助镀剂具有良好的成分稳定性，用于助镀处理时能够有效防止镀件表面漏镀的产生，并且显著提高镀件的耐蚀性能，采用该助镀剂助镀的镀件成品率高达 98% 以上。

配方 **45** 热镀锌助镀剂用添加剂

原料配比

原料		配比/(g/L)					
		1#	2#	3#	4#	5#	6#
长链烷基阳离子表面活性剂	十二烷基三甲基溴化铵	500	—	—	—	—	—
	十二烷基二甲基乙基溴化铵	—	100	—	—	—	—
	十六烷基三甲基溴化铵	—	—	800	—	—	—
	十二/十四烷基三甲基溴化铵	—	—	—	360	—	—
	十四烷基二甲基苄基氯化铵	—	—	—	—	630	—
	十六烷基二甲基(2-羟基)乙基氯化铵	—	—	—	—	—	500
有机溶剂	异丙醇	100	30	160	80	120	100
非离子表面活性剂	脂肪醇聚氧乙烯(9)醚	—	120	—	—	—	—
	烷基酚聚氧乙烯(10)醚	—	—	80	—	—	—
	脂肪醇聚氧乙烯(15)醚	—	—	—	100	—	—
	烷基酚聚氧乙烯(12)醚	—	—	—	—	90	—
	脂肪醇聚氧乙烯(35)醚	—	—	—	—	—	100
氯化盐	氯化铵	—	—	—	100	—	—
	氯化钠	—	—	—	—	—	60
氟酸盐	氟锆酸钾	—	—	—	—	10	—
去离子水		加至1L	加至1L	加至1L	加至1L	加至1L	加至1L

制备方法 将各组分原料用适量去离子水溶解，混合均匀，然后定容即可。

原料介绍 所述长链烷基阳离子表面活性剂，其分子结构通式为：

$$\left[\begin{array}{c} R^2 \\ | \\ R^1 - N - R^3 \\ | \\ R^4 \end{array}\right]^+ X^-$$

其中：R^1 为 $C_{12} \sim C_{18}$ 的长链烷基，R^2、R^3、R^4 为甲基、乙基、丙基、丁基、羟基、羟甲基、羟乙基、羟丙基、二羟丙基、羧基、羧甲基、羧乙基、羧丙基、二羧丙基、苄基、椰油基或间硝基基团；X^- 为氟离子、氯离子、溴离子或硝酸根离子；所述 R^2、R^3、R^4 中至少有一个为甲基。

所述非离子表面活性剂为脂肪醇聚氧乙烯醚类或烷基酚聚氧乙烯醚类。

所述有机溶剂为乙醇、异丙醇、丙酮或 N,N-二甲基甲酰胺中的一种。

所述脂肪醇聚氧乙烯醚类非离子表面活性剂的分子式为：

$$RO(CH_2CH_2O)_nH$$

其中，R 为长链烷基，n 的取值为 $1\sim35$。

所述烷基酚聚氧乙烯醚类非离子表面活性剂的分子式为：

$$RC_6H_4O(CH_2CH_2O)_nH$$

其中，R 为长链烷基，n 的取值为 $1\sim35$。

产品应用　使用方法：使用时直接加入助镀剂中，搅拌均匀即可，它不受助镀剂温度的限制，在室温条件下即可使用，温度高时效果更佳。添加剂在热镀锌助镀剂中的添加量为 $0.6\%\sim1.5\%$。复配该添加剂时需在密闭装置中进行。

产品特性

（1）本品添加到助镀剂中后，可使助镀剂与制件之间具有良好的界面润湿性和相容性，可提高助镀剂的活性和利用率，改善助镀效果，防止镀件漏镀；提高助镀剂的覆盖性，防止助镀后的镀件在空气中被二次氧化，减少锌渣产生，防止锌液飞溅，提高制件表面质量；它可利于助镀剂的干燥，有效提高助镀剂的稳定性，使 pH 值保持在适宜范围。

（2）添加本品形成的镀锌层表面质量良好，没有出现漏镀和爆锌现象，镀锌层表面均匀，美观。

配方 46　热浸镀锌铝镁合金镀层的助镀剂

原料配比

原料	配比（质量份）				
	1#	2#	3#	4#	5#
ZnCl$_2$	35	30	25	20	40
NaF	0.1	0.5	1	0.1	1
CeCl$_2$	0.5	2	3	0.1	5
SnCl$_2$	0.4	0.5	1	0.1	1
乙醇	5	8	6	5	10
复合表面活性剂	1	3	2	0.5	10

制备方法　将各组分原料混合均匀即可。

原料介绍　所述复合表面活性剂为 N-羟乙基全氟辛基磺酰胺、烷基酚聚氧乙烯醚和全氟辛基磺酰季碘化物中的混合物。

产品应用　本品主要用作钢铁材料表面镀覆的一种热浸镀锌铝镁合金镀层的助镀剂。

使用方法：将经清洗过的钢构件浸入 70～90℃的所述助镀剂中 1～2min，然后在 20℃下烘干 20s，进行热浸镀。

产品特性

（1）本助镀剂中不含氯化铵，可以有效降低环境污染。

（2）本品可以得到结合良好、致密均匀的锌铝镁合金镀层，合金镀层耐蚀性能是热镀锌镀层的 3 倍以上，能够广泛适用于 1%～25% Al 含量的锌铝合金镀液。

（3）将此助镀剂应用于 Q345 钢的热浸镀锌铝镁合金工艺上，得到了成分均匀、致密的镀层，经盐雾试验结果显示合金镀层的出现锈点时间要明显晚于传统热镀锌镀层。因此，合金镀层具备更优异的耐蚀性能，且工艺环保。

配方 47 热浸镀锌铝镁合金或锌铝镁稀土合金的助镀剂

原料配比

原料	配比（质量份）					
	1#	2#	3#	4#	5#	6#
CuCl₂	5	5	8	8	10	10
ZnCl₂	40	40	30	30	20	20
CeCl₃	4	5	5	8	6	8
KF	2	3	4	4	6	6
H₂O₂	5	5	4	4	3	3
酒精	2	2	2	2	2	2
水	加至 100	加至 100	加至 100	加至 100	加至 100	加至 100

制备方法 将各组分原料混合均匀即可。

产品应用 助镀剂对工件进行热浸镀预处理的方法，包括如下步骤：将所述助镀剂加热至 75～85℃，将经过酸洗和碱洗后的工件浸入助镀剂中 40～100s，然后将钢工件进行烘干，即可。

产品特性

（1）通过该助镀剂助镀的钢板热浸镀时锌渣较少，可以避免漏镀现象，从而得到厚度适中、附着力较好、表面光滑、对基体能起到很好保护作用的镀层。

（2）该助镀剂绿色环保，没有加入氯化铵，所以在热浸镀时不会产生烟雾。

（3）使用本助镀剂处理后的钢板，在 450℃左右即可实现热浸镀锌铝镁合金，解决了传统的锌镁铝合金热浸镀时，坩埚容易在高温下炸裂的技术问题，延长了坩埚的使用寿命，可以进行大规模的推广应用。

配方 **48** 热浸镀锌铝镁合金助镀剂

原料配比

原料	配比/(g/L)				
	1#	2#	3#	4#	5#
氟铝酸钾	14	12	10	8	6
氯化锌	300	350	400	450	500
氟化铝	20	15	10	5	2
氯化铈	70	60	50	40	30
乙醇	20（体积份）	30（体积份）	40（体积份）	50（体积份）	55（体积份）
柠檬酸	2	5	8	11	14
水	加至1L	加至1L	加至1L	加至1L	加至1L

制备方法 将各组分原料混合均匀即可。

产品应用 采用助镀剂在基体表面镀锌铝镁合金的方法，包括以下步骤：

（1）将基体去污、除油，所述除油处理为于 75～90℃ 下，用 15% NaOH 溶液清洗金属材料。

（2）对（1）处理后的基体表面进行除锈处理，所述的除锈处理为 10% 的盐酸中酸洗 3～5min。

（3）将助镀剂加热至 70～85℃，将（2）处理后的基体浸入 30～60s，取出烘干，烘干温度为 120℃，烘干时间为 30～180s。

（4）将（3）处理后的金属材料置于温度为 400～490℃ 的锌铝镁合金液中 3～5min，即得表面镀锌铝镁合金的材料。锌铝镁合金液中，含 80%～98.5% Zn，1%～15% Al，0.5%～5% Mg。所得表面镀锌铝镁合金的材料的镀层厚度为 80～125μm。

产品特性 本品中不含氯化铵，在助镀过程中没有氨气、烟雾产生；镀层结合致密、形貌优良、结合强度高，能有效防止表面漏镀；可以在降低厚度的同时能够保证镀层的抗腐蚀性能；中性盐雾试验锈点出现时间最长达 3500h；本品不含表面活性剂，可以长时间放置，成本低，可重复使用。

配方 **49** 热浸镀锌铝镍稀土合金用助镀剂

原料配比

原料		配比（质量份）						
		1#	2#	3#	4#	5#	6#	7#
A溶液	氯化锌	20	30	45	60	68	75	90

原料		配比（质量份）						
		1#	2#	3#	4#	5#	6#	7#
A溶液	氯化铵	15	25	30	40	45	50	60
	氯化亚锡	6	15	20	25	30	35	40
	乌洛托品	0.1	0.1	0.2	0.3	0.3	0.4	0.5
	去离子水	加至1L	加至1L	加至1L	加至1L	加至1L	加至1L	加至1L
B溶液	乙醇	25	50	80	100	130	150	200
	非离子表面活性剂（NP-10）	0.80	1	1.4	1.8	2	2.4	3
	阳离子表面活性剂（十四烷基二甲基苄基氯化铵）	1	1.5	2	3	3.5	4	5
	去离子水	加至1L	加至1L	加至1L	加至1L	加至1L	加至1L	加至1L
B溶液		200（体积份）	200（体积份）	200（体积份）	200（体积份）	200（体积份）	200（体积份）	200（体积份）
A溶液		200（体积份）	200（体积份）	200（体积份）	200（体积份）	200（体积份）	200（体积份）	200（体积份）

制备方法

（1）称取氯化铵、氯化锌、氯化亚锡、乌洛托品置于容器中，缓慢加入去离子水并搅拌直至完全溶解，随后用40～100目的滤网过滤掉溶液中的难溶杂质，加入去离子水定容至1L，此时制得溶液A。

（2）量取乙醇、非离子表面活性剂和阳离子表面活性剂，置于容器中，缓慢加入去离子水并搅拌直至完全溶解，无分层现象，随后将此溶液加水定容至1L，此时制得无分层且低泡沫的溶液B。

（3）按配比量取A、B两种溶液置于容器中，混合均匀制成助镀剂。

产品应用　热浸镀锌铝镍稀土合金工艺方法：将洁净的钢铁制件浸入助镀剂中进行助镀处理，助镀处理的温度为40～60℃，助镀处理的时间为20～50s，对助镀处理后的钢铁制件进行烘干处理，使钢铁制件表面附着一层均匀的助镀剂膜，再浸入熔融锌铝镍稀土合金液中进行热浸镀。烘干处理的温度为40～100℃，烘干处理的时间为20～40s。

产品特性

（1）本品能够有效防止漏镀，并且使镀层的表面质量明显改善，镀件的成品率由36%提高到99%，镀层的耐蚀性能得到显著提高。

（2）本品符合绿色环保要求，且制备成本较低。同时，复配表面活性剂具有低泡、水溶性，制备助镀剂时，只需将复配表面活性剂与助镀剂其他组分在室温下搅拌均匀即可，操作简单，并解决了多成分溶液一次配制易发生沉淀的问题。

（3）本品具有良好的成分稳定性，能够有效剥离钢板表面残留的氧化铁膜，提高钢板表面活性，降低合金溶液的表面张力，提高合金液对钢板基体的浸润性，防止经除油、除锈得到的洁净钢板基体表面被二次氧化。

配方 **50** 热浸镀锌助镀剂

原料配比

原料	配比（质量份）		
	1#	2#	3#
氯化铝	40	30	38
氯化锌	35	30	30
氯化钾	18	30	21
氟化钠	5	7	5
碳酸氢钠	2	3	6

制备方法　将各组分原料混合均匀即可。

产品应用　使用方法：按常规方法对钢丝进行脱脂除油和酸洗处理，将处理后的钢丝以 3m/min 的线速度进入温度为 70℃ 的助镀液中，进入助镀液的时间为 7s，然后在温度为 140℃ 的烘床上烘干 6min 后，将钢丝浸入锌液中镀锌，浸入时表面有少量烟尘产生，浸镀 1min 后锌液表面浮出黑色碳化物，钢丝从锌液中提出后，经水浴冷却，钢丝表面无漏镀现象，镀层色泽均匀。

产品特性　本助镀剂中不含氯化铵，因此不会产生烟雾，并且有效提高了钢丝表面的助镀效果，防止助镀后钢丝表面在空气中被二次氧化，提高了钢丝表面的镀层质量。本品配制简单，使得热镀锌钢丝表面镀层致密、光滑、无微孔，耐腐蚀性能好。

配方 **51** 适用于钢材热浸镀锌铝合金镀层的电解助镀剂

原料配比

原料	配比/(g/L)								
	1#	2#	3#	4#	5#	6#	7#	8#	9#
氯化锌	500	500	500	550	550	550	600	600	600
氯化铵	80	100	120	80	100	120	80	100	120

原料	配比/(g/L)								
	1#	2#	3#	4#	5#	6#	7#	8#	9#
氯化亚锡	10	20	30	10	20	30	10	20	30
氟铝酸钠	10	15	20	10	15	20	10	15	20
氟化钠	10	15	20	10	15	20	10	15	20
氯化铈	5	10	15	5	10	15	5	10	15
去离子水	加至1L	加至1L	加至1L	加至1L	加至1L	加至1L	加至1L	加至1L	加至1L

制备方法 将各组分原料混合均匀即可。

产品应用 采用电解助镀剂进行钢材热浸镀锌铝合金镀层的具体工艺流程过程为：先用铁丝在磨制好的试样侧面钻孔处固定，以便在后续电解槽中吊挂；然后将试样放入质量分数为15%的热氢氧化钠溶液中进行脱脂处理，氢氧化钠溶液的温度为70~80℃，5min后取出放入去离子水中清洗；再将清洗后的试样放入质量分数为5%的盐酸中进行去锈处理，该盐酸的温度为室温，2min后取出放入去离子水中清洗；然后将清洗后的试样放入电解助镀剂中，电解活化助镀电流为0.2~0.8A，时间为40s~3min，助镀剂温度为60~80℃；电解助镀后将试样取出放入干燥箱进行烘干处理，干燥箱温度为120℃，干燥时间为8~10min；试样烘干后取出进行热浸镀锌，温度为445~455℃，时间为1min，试样热浸镀后放入去离子水中冷却。

产品特性 采用本品电解活化助镀能在试样表面沉积出一层均匀、厚度适中的复合盐膜，克服了传统溶剂助镀过程中依靠助镀剂盐溶液自然沉降过程而产生的盐膜不足的缺点，所得镀层表面平整、光亮，耐腐蚀性能好。

配方 52 水性镀锌封闭剂

原料配比

原料		配比（质量份）				
		1#	2#	3#	4#	5#
硅酸钠		20	30	30	40	40
金属缓蚀剂	亚硝酸钠与碳酸钠的混合物	10	15	—	15	10
	亚硝酸钠	—	—	15	—	—
脂肪醇聚氧乙烯醚		3	3	5	8	10

续表

原料		配比（质量份）				
		1#	2#	3#	4#	5#
成膜剂	乙烯基聚氨酯	5	—	5	—	—
	异氰酸酯	—	—	—	5	—
	聚乙烯醇	—	5	—	—	5
抗氧化剂	过硫酸钾	3	5	—	—	—
	硝酸钾	—	—	3	15	5
水		100	100	100	100	100

制备方法

（1）将硅酸钠固体加入 80 份去离子水中，搅拌至完全溶解，得到溶液 a；

（2）向剩余的 20 份水中依次加入金属缓蚀剂、脂肪醇聚氧乙烯醚、成膜剂、抗氧化剂并搅拌均匀，得到溶液 b；

（3）将溶液 b 加入溶液 a 中，充分搅拌，得到封闭剂。

产品特性 本品为水性体系，不含有机溶剂，有利于环境保护和操作者的健康。封闭处理后的镀锌材料的附着力明显增加，中性盐雾试验时间超过 400h，封闭剂干燥后为均一、平整、不变色的透明薄膜，可以用作最终的防腐涂层，且封闭剂通过常温搅拌得到，制备方法简单，实用性高。

配方 **53** 水性镀锌用封闭剂

原料配比

原料		配比（质量份）		
		1#	2#	3#
硅酸钠		30	40	35
聚丙烯酸甲酯		6	10	8
消泡剂	聚二甲基硅氧烷	3	—	—
	乳化硅油	—	7	—
	聚氧丙烯甘油醚	—	—	5
偶联剂	锆类偶联剂	1	—	—
	硅烷偶联剂	—	5	—
	钛酸酯偶联剂	—	—	3
亚磷酸酯类抗氧剂	二(2,4-二枯基苯基)季戊四醇二亚磷酸酯	3	—	—
	二硬酯基季戊四醇二亚磷酸酯	—	5	—
	三(壬基苯基)亚磷酸酯	—	—	4

续表

原料		配比（质量份）		
		1#	2#	3#
亚硝酸钠		10	14	12
脂肪醇聚氧乙烯醚		3	9	6
成膜剂	阳离子化聚丙烯酰胺	4	—	—
	水性聚氨酯	—	6	—
	聚乙烯吡咯烷酮	—	—	5
稳定剂	磷酸氢二钠	1	—	—
	磷酸二氢钠	—	3	—
	磷酸钠	—	—	2
增韧剂	聚硫橡胶	1	—	2
	液体硅橡胶	—	3	—
水		100	100	100

制备方法

（1）按照水性镀锌封闭剂原料的质量份数称取原料；

（2）将硅酸钠加入 80 份水中，搅拌至完全溶解，即得溶液 a；

（3）向 10 份水中加入偶联剂，边加边搅拌，在 25～30℃条件下搅拌 2～3h，即得溶液 b；

（4）向 10 份水中加入剩余原料，搅拌 1～3h，即得溶液 c；

（5）将溶液 b 和溶液 c 混合，在 65～70℃的水浴中搅拌 10～20min，即得溶液 d；

（6）将溶液 a 和溶液 d 混合，充分搅拌，即得所述水性镀锌封闭剂。

产品应用　本品主要是一种水性镀锌封闭剂。

产品特性　采用本品得到的防腐涂层具有平整、均一和不变色以及抗腐蚀性强、附着力强的优点，其制备方法中采用水浴加热，能够使原料受热均匀，原料混合得更加均匀，且该制备方法简单且实用性高。

配方 **54** 水性氯化物镀锌光亮剂

原料配比

原料		配比（质量份）		
		1#	2#	3#
第一主光亮剂	邻氯苯甲醛	20	17	15
	亚苄基丙酮	15	13	10
	甲醛	35	50	55
	水	30	20	30

续表

原料		配比（质量份）		
		1#	2#	3#
第二主光亮剂	洋茉莉醛	5	5	7
	二甲醛	30	20	15
	水杨醛	10	10	15
	水	55	65	63
第一主光亮剂		20	30	20
第二主光亮剂		70	60	70
柔软剂		350	300	250
苯甲酸钠		80	40	60
水		加至1000（体积份）	加至1000（体积份）	加至1000（体积份）

制备方法 将所述原料放入反应釜中，升温至130～140℃反应2h后进行离心干燥，最终烘干得成品。

所述的第一主光亮剂的制备方法为：将各组分加入反应釜中，滴加焦亚硫酸钠和氢氧化钠的饱和溶液，该饱和溶液中焦亚硫酸钠和氢氧化钠的质量分数不低于41%，以45～60r/min的速度搅拌，反应1h后见白色沉淀物，过滤后，以80℃的温度对白色沉淀物烘干30～45min，制备完成得白色粉末。

所述的第二主光亮剂的制备方法为：将各组分加入反应釜中，加入质量分数为30%的氢氧化钠饱和溶液，以45～60r/min的速度搅拌反应2h，通过减压蒸馏，得白色沉淀，过滤，以80℃的温度对白色沉淀物烘干30～45min，制备完成得白色粉末。

产品特性 本品符合环保清洁生产要求，尤其是产品生产过程中排放的废水的COD降低了50%～80%。该生产过程也更节约能源，降低酸性镀锌工艺、碱性镀锌工艺对环保处理的压力。

配方 55 酸性电镀锌镀液添加剂

原料配比

原料		配比（质量份）				
		1#	2#	3#	4#	5#
长链烷烃苯磺酸盐	十二烷基苯磺酸钠	—	40	—	—	25
	十四烷基苯磺酸钠	—	—	25	—	—
	十烷基苯磺酸钠	—	—	—	25	—

原料		配比（质量份）				
		1#	2#	3#	4#	5#
杂环有机胺	苯并三氮唑	—	—	—	—	25
	吡嗪	50	—	—	25	—
	六亚甲基四胺	—	40	—	—	—
乙醇		—	5	—	—	25
去离子水		50	15	50	50	25

制备方法　将各组分原料混合均匀即可。

产品应用　酸性电镀锌镀液添加剂的应用方法：将所述添加剂以 $200\sim500\text{mg/kg}$ 的添加量直接添加到酸性电镀锌镀液中，在 $25\sim80℃$ 条件下，通过 $20\sim100\text{A/dm}^2$ 的电流密度电镀锌层。

产品特性

（1）本品提高了镀锌层的光亮度和平整度，具有很好的分散能力和覆盖能力，在酸性镀液中加入该添加剂，能在较宽的温度范围和较大的电流密度范围内获得高表面性能的电镀锌层，提高了镀锌工艺的均镀能力，同时也降低了酸性镀液对电镀锌设备的腐蚀。

（2）本品完全由有机化合物组成，避免了无机添加剂的一些固有缺点，具有用量少、效率高、制作简便、成本低廉、无毒无异味、完全水溶、适用范围广等优点。

（3）本添加剂的应用方法简单，可获得表面性能好、镀层内应力小、耐蚀性高的电镀锌层，而且处理时间短。

配方 56　酸性电镀锌镍合金添加剂

原料配比

原料	配比（质量份）		
	1#	2#	3#
氟化镁	30	40	35
盐酸	4	12	8
邻苯二甲酸二丁酯	2	6	4
茶皂素	8	12	10
钼酸铵	1	5	3
硫酸镁	10	20	15

续表

原料	配比（质量份）		
	1#	2#	3#
亚硝酸钠	8	10	9
三乙醇胺	1	5	3
氟化钠	20	22	21
草酸	10	14	12
淀粉	8	10	9

制备方法 将各组分原料混合均匀即可。

产品特性

（1）本品具有用量少、效率高、制作简便、成本低廉、无毒无异味、完全水溶、适用范围广等优点。

（2）由于采用本品的酸性锌镍溶液 pH 比传统的酸性锌镍工艺高，可大大延长设备的使用寿命，优化作业人员操作环境。

配方 57 提高铜箔耐腐蚀性的表面处理复合添加剂

原料配比

原料		配比（质量份）					
		1#	2#	3#	4#	5#	6#
聚乙二醇		1.2	2.0	4	4	7	7
稀土盐	硝酸铈	0.4	—	—	—	—	—
	氯化铈	—	0.6	—	—	—	—
	硝酸镧	—	—	0.6	—	—	—
	硫酸镧	—	—	—	1.2	—	—
	硫酸铈	—	—	—	—	3	3.6
十二烷基苯磺酸钠		6	13	4	4	0.6	0.6
壳聚糖		0.6	0.8	1	1.5	1.5	2.5

制备方法 将各组分原料混合均匀即可。

原料介绍 所述的聚乙二醇的分子量为 1000～20000。

产品应用 采用现有的铜箔生产工艺生产 $18\mu m$ 铜箔并进行表面处理，所使用的铜箔表面处理工艺流程为：粗化—固化—镀锌—防氧化—涂硅烷偶联剂—烘干。pH 为 8～10，温度为 30～40℃，电流密度为 $1.5～3A/dm^2$。镀锌溶液中含：Zn^{2+} 2～4g/L，Ni^{2+} 0.3～0.9g/L，焦磷酸钾 200～300g/L。

产品特性 本品的复合添加剂控制性能较好，稳定性较强，在镀锌过程中使用此复合添加剂，能够改变镀层结晶形态，生产的铜箔表面镀层平整均匀，结晶细致紧密，铜箔耐盐酸劣化率低于3%，具有较好的耐腐蚀性，并且生产工艺简单、环保，成本较低，经表面处理的废箔也可回收再利用。

配方 58 锌及锌铁合金电镀光亮剂

原料配比

原料	配比/（g/L）		
	1#	2#	3#
亚苄基丙酮	10	30	20
乙醇	150（体积份）	600（体积份）	200（体积份）
聚乙二醇与十二烷基苯磺酸钠（3:1）混合物	100	—	—
聚乙二醇与十二烷基硫酸钠（10:1）混合物	—	130	—
OP乳化剂与十二烷基苯磺酸钠（5:1）混合物	—	—	70
十六天然脂肪醇与环氧乙烷（1:20）的缩合物	100	—	—
十六天然脂肪醇与环氧乙烷（1:10）的缩合物	—	120	—
十八天然脂肪醇与环氧乙烷（1:25）的缩合物	—	—	80
去离子水	加至1L	加至1L	加至1L

制备方法

（1）先将亚苄基丙酮，倒入无水乙醇中，搅拌至完全溶解后，得到亚苄基丙酮的无水乙醇溶液；

（2）再称量高级脂肪醇与环氧乙烷并将它们混合，以无水氯化铝、无水氯化锌或硫酸为缩合剂，在室温下进行缩合反应，得到高级脂肪醇与环氧乙烷的缩合物；

（3）然后将称量好的表面活性剂和制备好的高级脂肪醇与环氧乙烷缩合物一起倒入2～4倍质量的去离子水中，加热至80～90℃，搅拌至完全溶解后自然冷却；

（4）将冷却后的溶液与亚苄基丙酮的无水乙醇溶液混合均匀，最后用去离子水定容，得到锌及锌铁合金电镀光亮剂。

原料介绍 所述的表面活性剂包括非离子型表面活性剂与离子型表面活性剂，非离子型表面活性剂与离子型表面活性剂的质量比为（3:1）～（10:1）。

所述的非离子型表面活性剂可以是壬基酚聚氧乙烯醚、聚乙二醇、OP乳化剂中的任一种。

所述的离子型表面活性剂可以是十二烷基苯磺酸钠、十二烷基硫酸钠中的任一种，高级脂肪醇可以是十八天然脂肪醇、十六天然脂肪醇中的任一种。

产品应用 本品可在各种锌及锌铁合金电镀工艺流程中应用。如镀锌工艺的镀液组成及操作条件可为：$ZnCl_2$ 60～120g/L、KCl 160～250g/L、本品电镀光亮剂 15～30mL/L、pH 值 4.5～6.0、阴极电流密度 1～2A/dm^2、温度 15～35℃。锌铁合金电镀工艺的镀液组成及操作条件可为：$ZnCl_2$ 60～120g/L、KCl 160～250g/L、$FeSO_4 \cdot 7H_2O$ 4～12g/L、抗坏血酸 0.5～1.5g/L、本品电镀光亮剂 15～30mL/L、pH 值 3.5～5.5、阴极电流密度 1～2A/dm^2、温度 15～35℃。该工艺可得到纯锌镀层和铁含量为 0.2%～0.8%（质量分数）的锌铁合金镀层，电流效率为 97%～100%，沉积速率为 20～30μm/h。

产品特性 本品可选择同时适应锌与锌铁合金的物质作为其组成物，通过亚苄基丙酮使镀层快速出光与整平，通过非离子型表面活性剂和离子型表面活性剂提高镀液的分散能力与扩大光亮范围（尤其是在低电流区起光亮作用），通过高级脂肪醇与环氧乙烷缩合物和乙醇对亚苄基丙酮进行乳化和增溶，因此，不仅能够同时用于锌和锌铁合金电镀工艺，而且镀层性能与镀液性能不低于同类产品，此外还具有工艺简单、稳定、易操作、环境友好、安全、综合成本低等优点。

配方 **59** 锌及锌铁合金光亮剂

原料配比

原料	配比/(g/L)
苯甲酸钠	50～70
亚苄基丙酮	10～25
脂肪醇聚氧乙烯醚（$n=3$）硫酸铵	300～400
亚甲基双萘磺酸钠	100～200
烟酸	3～5
水	加至 1L

制备方法 将计算量的苯甲酸钠倒入少量热水（80℃）中，搅拌使其充分溶解；将计算量的亚甲基双萘磺酸钠倒入，搅拌使其充分溶解；分别将计算量的亚苄基丙酮和脂肪醇聚氧乙烯醚（$n=3$）硫酸铵缓慢倒入，搅拌均匀；将计算量的烟酸加入，搅拌使其溶解；保持 70℃ 左右的温度搅拌 24h 以上，静置 24h 后过滤，得到锌及锌铁合金光亮剂。

产品应用 本品主要用作钢铁零件及线材、带材、管材表面快速镀锌及锌铁合金的添加剂。

本光亮剂可在锌及锌铁合金电镀工艺流程中应用。如镀锌工艺的镀液组成及操作条件可为：硫酸锌 300～400g/L、硼酸 25g/L、本品光亮剂 18～24mL/L、pH 值 4.5～6、阴极电流密度 20～30A/dm^2、温度 20～45℃。锌铁合金电镀工艺的镀液组成及操作条件可为：硼酸 30g/L、硫酸锌 160g/L、硫酸亚铁 12g/L、硫酸钠 40g/L、抗坏血酸 0.5g/L、柠檬酸钠 15g/L、本品光亮剂 18～24mL/L、pH 值 3.5～4、阴极电流密度 2.5A/dm^2、温度 20～45℃。该工艺可获得纯锌镀层和铁含量为 0.2%～0.8% 的锌铁合金镀层。

用于铜片赫尔槽电镀锌铁合金工艺具体步骤：将铜片在电镀之前进行除油、活化的前处理后，放入赫尔槽中。赫尔槽内含有 250mL 电镀锌铁合金的基础液，其中硼酸 30g/L、硫酸锌 160g/L、硫酸亚铁 12g/L、硫酸钠 40g/L、抗坏血酸 0.5g/L、柠檬酸钠 15g/L。向赫尔槽内添加 5mL 本品光亮剂，电镀 20min 后取出，得到外观均匀光亮的锌铁合金的镀层，镀层中铁含量为 0.5%，经中性盐雾试验出白锈的时间超过 40h。

产品特性　本品选择适应硫酸盐电镀锌铁合金的物质作为其组成物，通过苯亚甲基丙酮使镀层快速出光和整平，通过脂肪醇聚氧乙烯醚（$n=3$）硫酸铵和烟酸提高镀液的分散能力和扩大光亮范围（尤其是在低电流区的光亮作用），通过亚甲基双萘磺酸钠对苯亚甲基丙酮进行乳化和增溶，因此不仅能够用于硫酸盐电镀锌铁合金电镀工艺，而且镀层性能与镀液性能优于同类产品，此外还具有工艺简单、稳定、易操作、环境友好、安全、综合成本低等优点。

配方 60　无氰碱性镀锌分散剂

原料配比

原料	配比/（g/L）		
	1#	2#	3#
双苯磺酰亚胺钠	55	60	50
2-乙基己基硫酸钠	12.5	8.5	15
三乙醇胺	2	2.5	5
去离子水	加至 1L	加至 1L	加至 1L

制备方法　将双苯磺酰亚胺钠溶解在 50～69℃ 的热去离子水中，待溶解完全后，直接加入 2-乙基己基硫酸钠、三乙醇胺并搅拌，补加常温去离子水至 1000mL，搅拌均匀即成。

产品应用　本品主要是一种新的无氰碱性镀锌分散剂。开槽时按 12～15mL/L 加入。

产品特性 本分散剂可促使锌离子在阴极即工件上的高低电流区均能镀上厚度均匀一致的锌层，且无毒、无污染，不会对人体、水源、大气、土壤、环境造成危害，符合环保要求。

配方 **61** 无氰碱性镀锌光亮剂

原料配比

原料	配比/（g/L）		
	1#	2#	3#
咪唑与丙氧基化合物的缩合物（IZE）	25.0	30	30
烟酰胺	1.5	1	2.5
丁二酸钠	3.0	3	5
对氨基苯磺酸	7.5	8	10
氧杂萘邻酮	2.0	2.5	3.5
去离子水	加至1L	加至1L	加至1L

制备方法

（1）在一容器中，加入去离子水和咪唑与丙氧基化合物的缩合物（IZE），搅拌至溶解完全；

（2）在另一容器中，加入热去离子水和烟酰胺，搅拌至溶解完全；

（3）在另一容器中，加入热去离子水和丁二酸，搅拌至溶解完全；

（4）在另一容器中，加入热去离子水和对氨基苯磺酸，搅拌至溶解完全；

（5）在另一容器中，先加入氧杂萘邻酮再加入约95％的乙醇，搅拌至溶解完全，得氧杂萘邻酮溶液；

（6）将（5）所得氧杂萘邻酮溶液与（1）、（2）、（3）、（4）所得四种溶液混合在一起，补充去离子水至1L，搅拌均匀，即制得无氰碱性镀锌光亮剂。

产品特性

（1）本品可促使在阴极即工件表面上的高低电流区均能镀上厚度均匀一致的、光亮的、柔和的、可抵抗镀液中有机杂质干扰的镀锌层。

（2）本品中咪唑与丙氧基化合物的缩合物（IZE）和烟酰胺使镀锌层产生光亮作用；丁二酸钠使光亮的镀锌层产生柔和的视觉光泽；对氨基苯磺酸促使光亮性和光亮度在高、中、低电流区均匀一致，并能够抵抗镀液中一些有机杂质的有害影响；氧杂萘邻酮对镀锌层有整平作用，几种物质相互配合，协同作用。

配方 **62** 无氰碱性镀锌络合剂

原料配比

原料	配比（质量份）				
	1#	2#	3#	4#	5#
1,1′,1″,1‴-［亚氨基二(2,1-乙二次氨基)］四(2-丙醇)	80	—	50	55	60
四(2-羟丙基)乙二胺	—	100	50	60	40

制备方法 将各组分原料混合均匀即可。

产品应用 本品是一种无氰碱性镀锌络合剂。

产品特性 本品的络合剂可以取代氰化钠（钾）的镀锌络合剂，无毒、无污染，且镀液性能稳定，镀层与基体的结合牢固。

配方 **63** 新型氯化物镀锌光亮剂

原料配比

原料	配比/(g/L)
亚苄基丙酮	40
ZY-1 高温载体	280
OP-21 乳化剂	50
苯甲酸钠	80
扩散剂 NNO	60
辅助光亮剂 A	6
辅助光亮剂 B	1.5
酒精	100
去离子水	加至 1L

制备方法

（1）向不锈钢搪瓷桶内加入水并加热至沸腾；

（2）向桶内加入扩散剂 NNO，煮沸 5～10min，溶解至透明，溶液无细粒；

（3）将辅助光亮剂 A、B 加入，搅拌溶解；

（4）再添加亚苄基丙酮、ZY-1 高温载体、OP-21 乳化剂、酒精和苯甲酸钠，混合均匀即可。

原料介绍 在冬季，气温较低，镀液温度低，电流密度小，所消耗的亚苄基丙酮少，可将光亮剂中的亚苄基丙酮含量适当降低；酒精的加入量可视情况而定，在夏季前可加甚至不加，在冬季应该多加，使光亮剂中的亚苄基丙酮不再析出为止。

产品特性 本品出光速度快，亮度高，装饰性能好，一方面可以降低成本，减少高温载体的用量，另一方面，可保证光亮剂在低温状态下的使用效果。

配方 **64** 用于钢材热浸镀锌的助镀剂

原料配比

原料		配比（质量份）		
		1#	2#	3#
氯化锌		10	12	14
氯化镁		0.3	0.5	0.6
氯化钾		0.5	0.8	1
过硼酸钠		0.1	0.15	0.2
酒石酸		0.3	0.4	0.5
柠檬酸		0.4	0.5	0.6
壬基酚聚氧乙烯醚		0.05	0.07	0.08
十六烷基苯磺酸钠		0.03	0.05	0.06
聚乙二醇	分子量为4000	0.05	—	—
	分子量为6000	—	0.07	—
	分子量为8000	—	—	0.1
细菌纤维素		0.5	0.8	1
硬脂酸锌		0.1	0.13	0.15
去离子水		130	140	150

制备方法 将各组分原料混合均匀即可。

产品特性

（1）本品对助镀剂的组分进行了合理的选配，未添加铵和氟化物，实现了无烟助镀，根除了铵、氟化物对于环境的污染，实现了环保助镀的目的；添加了氯化锌、氯化镁、氯化钾成分，共同复配使用提升了镀层的质量，避免了漏镀情况的发生；添加的细菌纤维素改善了助镀剂的铺展成膜性，可提升镀层的光滑性、均匀性、连续性；添加的聚乙二醇成分可增强镀层与钢材基体的黏附效果。

（2）本助镀剂与现有的助镀剂相比，可将助镀的时间缩短15%以上，将助镀的温度降低了20℃左右，将热镀锌层的厚度提高了10%左右，且所得的镀层连续、完整。

配方 **65** 用于钢丝热浸镀锌铝镁合金的助镀剂

原料配比

原料	配比（质量份）			
	1#	2#	3#	4#
$ZnCl_2$	45	42	35	40
NaF	2	6	10	8
$CeCl_2$	0.5	1.5	3.5	2.5
$SnCl_2$	4.5	5	8	8.5
H_2O_2	0.5	1	2	1.5
表面活性剂	0.1	0.3	0.5	0.5
去离子水	加至100	加至100	加至100	加至100

制备方法 将各组分原料混合均匀即可。

原料介绍 所述表面活性剂为脂肪醇醚硫酸钠和/或十二烷基磺酸钠。

产品应用 所述助镀剂的使用方法为，将经清洗过的钢丝浸入60～80℃的助镀剂中0.5～1min，在100～120℃烘干20～25s，然后在锌铝镁合金液中进行热浸镀。

产品特性

（1）本助镀剂具有无铵助镀剂的优点，能有效降低环境污染。

（2）本品在钢丝表面利用热浸镀得到锌铝镁合金镀层。镀层与钢丝各自保持原有的性能，镀层结构致密、无漏镀。该助镀剂成本低，可重复使用，易工业化生产。

（3）钢丝采用该助镀剂热浸镀锌铝镁合金，助镀效果优异、环保、合金镀层成分范围广、钢丝与镀层结合度高、镀层光洁度好。

配方 **66** 用于氯化钾镀锌的辅助光亮剂

原料配比

原料		配比（质量份）		
		1#	2#	3#
主光亮剂	亚苄基丙酮	3	3	3
	平平加O-25	2	2	2

续表

原料		配比（质量份）		
		1#	2#	3#
载体光亮剂		27	27	27
辅助光亮剂		122	122	122
水		加至100（体积份）	加至100（体积份）	加至100（体积份）
载体光亮剂	平平加O-25	20	20	20
	尿素	1.4	1.4	1.4
	氨基磺酸	4.6	4.6	4.6
	氢氧化钠	2.1	2.1	2.1
	水	4.7（体积份）	4.7（体积份）	4.7（体积份）
辅助光亮剂	天然树胶	5	4	6
	苯甲酸钠	5	6	4
	亚甲基双萘磺酸钠	4	3	5
	十二烷基苯磺酸钠	7	8	6
	烟酸	0.9	0.8	1
	水	加至100（体积份）	加至100（体积份）	加至100（体积份）

制备方法 按上述配方用量，将载体光亮剂加入反应釜中，加水，升温至90～100℃，搅拌至溶尽为止；按上述配方用量，加入辅助光亮剂，控制温度在90～100℃，搅拌30min；降温至50℃，按上述配方用量，加入主光亮剂，搅拌均匀，控制温度在40～50℃，保温1h，即得。

所述的辅助光亮剂的制备方法是：

（1）按上述配方用量，将天然树胶用粉碎机磨成粉状，在搅拌作用下，以等量递加的方式，投进加水的反应釜中，升温至95～100℃使其溶解，用过滤机滤除杂质，再降温至80℃；

（2）然后，按上述配方用量，将苯甲酸钠、亚甲基双萘磺酸钠与十二烷基苯磺酸钠，在搅拌下，以等量递加的方式，投入反应釜中，在90～95℃温度下，搅拌1h使其溶解；

（3）最后，使反应釜降温至60℃，在搅拌下，以等量递加的方式，按上述配方用量加入烟酸，溶解并搅拌均匀，即可。

所述的主光亮剂的制备方法：按上述配方用量，将平平加O-25在55～60℃下，搅拌溶解，再降温至50℃，按上述配方用量，加入亚苄基丙酮，搅拌溶解，即得。

所述的载体光亮剂的制备方法：按上述配方用量，将平平加O-25和尿素加入反应釜中，温度控制在95℃，搅拌溶解，按上述配方用量，以等量递加的方式，加入氨基磺酸粉末，搅拌0.5h，温度控制在95℃，保温搅拌1.5h；另外，按上述配方用量，将氢氧化钠溶解于水中，将反应釜温度降至70℃时，再逐渐将氢氧化钠水溶液加入反应釜中，温度控制在75～80℃进行中和，得白色膏状物。

所述的天然树胶的制备方法：将天然树胶粉碎成粉状，用热水溶解，再经过滤机滤除杂质后，添加于辅助光亮剂中，搅拌均匀，即可。

产品特性 本品能扩大高电流密度区的阴极极化和极化度，提高镀液的分散能力，使镀层结晶细致、光亮，降低镀层内应力；特别是能够使低电流密度区也得到光亮镀层，还可以减少主光亮剂的用量；镀液的覆盖能力好，镀层清亮、平整，沉积速度快，电流效率高，镀件钝化不烧焦、不变黑、无废品；用于高碳钢、铸铁件时，上镀快，节约电能，投产成本低，生产效率高；使用电流效率高，析氢量少，对弹性零件造成脆性的可能性较小；制备简单、稳定；镀液无氰，配制过程无污染、绿色环保，安全性好，废水易处理。

配方 67 用于氯化钾或氯化钠镀锌工艺的辅助添加剂

原料配比

原料	配比/(g/L)					
	1#	2#	3#	4#	5#	6#
烟酸	1.5	2.0	1.0	2.0	1.5	1.0
聚乙烯吡咯烷酮	0.4	0.8	0.5	0.4	0.8	0.4
炔丙基磺酸钠	4.0	2.0	2.0	4.0	2.0	4.0
食用糖精	4.0	2.0	6.0	2.0	4.0	6.0
乙醇	适量	适量	适量	适量	适量	适量
去离子水	加至1L	加至1L	加至1L	加至1L	加至1L	加至1L

制备方法 先将所述烟酸和聚乙烯吡咯烷酮混合，乙醇作溶剂溶解，再加入所述炔丙基磺酸钠和食用糖精，并添加去离子水至1L。

产品特性

（1）本品与主光亮剂制成组合光亮剂应用，对主光亮剂起辅助作用，在高低电流密度区起弥补光亮作用，组成成分为水溶性，在使用时方便添加，不产生泡沫，易于工艺设备的清洗，节约用水量，易过滤，减少了废水的排放。

（2）本品组成成分温和，不含芳香醛类等物质，操作安全系数高，对人体不造成伤害。

（3）添加使用本品后，能增加低电流区的锌层厚度，减小中、高电流区锌层的厚度，并使锌层趋向于结晶化的优良性能，得到的锌层光亮、细致、柔软、分散性好。

配方 **68** 用于氯化物镀锌工艺的添加剂

原料配比

原料		配比（质量份）		
		1#	2#	3#
烷基酚聚氧乙烯醚	辛基酚聚氧乙烯醚	100	—	100
	壬基酚聚氧乙烯醚	—	100	—
磷酸化试剂	五氧化二磷	25	—	—
	磷酸	—	20	—
	三氯化磷	—	—	25
复合表面活性剂		100	100	100
亚苄基丙酮		20	20	20
无水乙醇		200	200	200
去离子水		加至1L	加至1L	加至1L
复合表面活性剂	聚乙二醇800	3	—	—
	聚乙烯醚	—	3	3
	十二烷基硫酸钠	1	1	1

制备方法

（1）在搅拌条件下，先将烷基酚聚氧乙烯醚升温至40～50℃，接着加入磷酸化试剂，于80～90℃下进行酯化反应，反应2～3h后停止，得到缩合物；

（2）用水将缩合物稀释后，再将pH值调节至中性后再加入复合表面活性剂，使复合表面活性剂完全溶解，得到混合物；

（3）将亚苄基丙酮和无水乙醇按质量比1：（10～20）配制，得到亚苄基丙酮乙醇溶液；

（4）将（2）得到的混合物和（3）制备的亚苄基丙酮乙醇溶液混合，再用去离子水定容，得到用于氯化物镀锌工艺的添加剂。

原料介绍 所述的烷基酚聚氧乙烯醚优选为烷基上碳链长度为 $C_8 \sim C_{18}$ 的烷基酚聚氧乙烯醚，更优选为辛基酚聚氧乙烯醚或壬基酚聚氧乙烯醚中的一种或两种。

所述的磷酸化试剂优选为五氧化二磷、磷酸或三氯化磷中的一种。

所述的pH值调节优选使用浓度5mol/L的氢氧化钾溶液调节。

产品应用 本品主要是一种用于氯化物镀锌工艺的添加剂。

所述的氯化钾镀锌工艺的条件为：$50 \sim 80g/L$ $ZnCl_2$、$200 \sim 250g/L$ KCl、

30～40g/L H_3BO_3、用于氯化物镀锌工艺的添加剂 15～30mL/L、pH 值 4.5～5.0、电流密度 1～2A/dm^2、实施温度 20～35℃。

产品特性

（1）本品无毒，易于生物降解，不仅绿色环保，而且使得镀锌工艺操作简便，能有效降低镀液中泡沫的产生，综合成本较低；得到的镀层不仅均匀光亮而且具有良好的耐腐蚀性能。

（2）本品制备方法操作简单、易行、环境友好，而且镀液性能和镀层性能不低于同类产品。

配方 69 用于配制镀锌光亮剂的合成主光亮剂

原料配比

原料	配比（质量份）		
	1#	2#	3#
水杨醛	59	61	60
甲醛	26	25	24
2,4-二氯苯甲醛	15	14	16
50%碱液	适量	适量	适量

制备方法 将配方组分加入反应釜中混合并搅拌均匀，再按 350～400mL/L 的比例加入含量 50%的碱液，调节 pH 值达到 6.3～6.7，升温至 75～85℃，保温 3～4h，然后降至室温，用滤布进行过滤，再将过滤后的沉淀物料加入甩干机中进行甩干，然后加入烘干机中进行干燥，即得合成主光亮剂成品。

产品应用 使用方法：本品作为主光亮剂，在实际中应用于钾盐镀锌时，应当先与高温载体复配制成光亮剂。高温载体选取烷基聚氧乙烯醚和苯甲酸钠，复配方法为：每千克复配光亮剂成品中包含烷基聚氧乙烯醚350g（占35%）、苯甲酸钠60g（占6%），再加入本品主光亮剂100g（占10%），其余加水，混合均匀，即制成镀锌用复配光亮剂。将本复配光亮剂用于氯化钾镀锌，与使用原光亮剂电镀工艺过程相同，镀层牢固不变色、不氧化，无毒环保，电镀质量好，光亮度高，稳定持久，使用方便，易于推广使用。

产品特性 本品配方组分合理、有效，配制过程无污染，环保安全，用于复配钾盐镀锌光亮剂，光亮度好，不易氧化，使用方便，电镀质量好，镀层亮度高，稳定持久不变色。本品配制使用方便，保持镀层亮度，防止镀层变色，不易氧化，无毒环保，提高镀锌质量。

配方 **70** 用于热浸镀锌的助镀剂

原料配比

原料	配比/(g/L)		
	1#	2#	3#
氯化铝	40	30	38
氯化锌	35	30	32
氯化钾	20	30	25
氟化钠	5	10	5
去离子水	加至1L	加至1L	加至1L

制备方法 将各组分原料混合均匀即可。

产品应用 使用方法：按常规方法对钢丝进行脱脂除油和酸洗处理，将处理后的钢丝以4m/min的线速度进入温度为65℃的助镀溶液中，助镀溶液为氯化铝、氯化锌、氯化钾、氟化钠的混合水溶液，进入助镀溶液的时间为5s，然后在温度为120℃的烘床上烘干5min，再将钢丝浸入锌液中镀锌，浸入时表面有少量烟尘产生，浸镀1min后锌液表面浮出黑色碳化物，钢丝从锌液中提出后经水浴冷却，钢丝表面无漏镀现象，镀层色泽均匀。

产品特性 本助镀剂中不含氯化铵，因此不会产生烟雾，并且有效提高了钢丝表面的助镀效果，防止助镀后钢丝表面在空气中被二次氧化，提高了钢丝表面的镀层质量。本品配制简单，使得热镀锌钢丝表面镀层致密、光滑、无微孔，耐腐蚀性能好。

配方 **71** 用于热浸镀锌及锌合金镀层的助镀剂

原料配比

原料	配比/(g/L)			
	1#	2#	3#	4#
氯化锌	25	30	38	38
氯化铵	10	10	5	5
氯化钾	10	10	6	6
氯化铋	0.5	0.3	0.3	0.3
盐酸	适量	适量	适量	适量
去离子水	加至1L	加至1L	加至1L	加至1L

制备方法

（1）将氯化铋溶于适量盐酸得到氯化铋溶液；

（2）再将助镀剂中其他组分溶于水；

（3）将（2）得到的水溶液与（1）得到的氯化铋溶液混合，再用盐酸调节至产生的沉淀溶解。

产品应用 使用方法：浸镀工艺如下，将经脱脂、酸洗后的Q235钢板制件浸入所述的助镀剂中1～2min，助镀剂温度在70～80℃，取出后在200℃下烘干20s至完全干燥，然后将制件浸入450～540℃的镀层金属液浸镀40s后，进行空冷。

产品特性 用本品所配制的助镀液处理过的镀层均匀牢固，表面无缺陷，生产效率显著加快，用助镀液处理20s即可，且在进行热浸镀时40s即可完成。在镀层厚度基本相同的情况下，得到的镀层耐盐雾腐蚀能力更强。既能够适用各种形状的钢制件，又能适用于多种镀层金属的热浸镀，且与现有的助镀剂相比，能够显著减少需要用助镀剂处理和进行热浸镀的时间，提高生产效率。

配方 72 有氰转无氰碱性环保镀锌添加剂

原料配比

原料		配比/（g/L）								
		1#	2#	3#	4#	5#	6#	7#	8#	9#
有机杂环类化合物及衍生物	N-甲基咪唑	5	—	—	—	—	—	—	—	—
	2,2′-联吡啶	—	20	—	1	—	—	—	—	—
	吲哚	—	—	6	—	—	—	—	—	—
	2-甲基吲哚	—	—	4	—	—	—	—	—	—
	吡嗪	—	—	—	1	—	—	—	—	—
	4-甲基噻唑	—	—	—	—	3	—	10	—	—
	4,4′-联吡啶	—	—	—	—	3	—	—	—	—
	1-苄基吡啶鎓-3-羧酸盐	—	—	—	—	—	6	—	—	—
	苄基烟酸鎓盐	—	—	—	—	—	10	—	—	7
	噻唑	—	—	—	—	—	—	4	—	—
	2,4,6-三羟基-1,3,5-三嗪	—	—	—	—	—	—	—	5	—
	双环戊二烯	—	—	—	—	—	—	—	—	3

原料		配比/(g/L)								
		1#	2#	3#	4#	5#	6#	7#	8#	9#
有机胺与环氧卤丙烷缩聚物	二甲氨基丙胺、乙二胺与环氧氯丙烷的缩聚物	10	—	—	—	—	—	—	—	—
	二甲氨基丙胺与环氧氯丙烷的缩聚物	—	2.5	—	—	—	—	—	—	—
	二甲胺与环氧氯丙烷的缩聚物	—	—	15	—	—	—	—	—	—
	二甲氨基丙胺与环氧氯丙烷的缩聚物的季铵盐	—	—	—	8	—	—	—	—	—
	四乙烯五胺与环氧氯丙烷的缩聚物	—	—	—	—	12	—	—	—	—
	多乙烯多胺与环氧氯丙烷的缩聚物	—	—	—	—	—	4	—	—	—
	四乙烯五胺、乙二胺与环氧氯丙烷的缩聚物	—	—	—	—	—	—	20	—	—
	二甲胺、咪唑与环氧氯丙烷的缩聚物	—	—	—	—	—	—	—	20	—
	二甲胺、乙二胺、多乙烯多胺与环氧氯丙烷的缩聚物	—	—	—	—	—	—	—	—	20
去离子水		加至1L	加至1L	加至1L	加至1L	加至1L	加至1L	加至1L	加至1L	加至1L

制备方法 将有机杂环类化合物及衍生物和有机胺与环氧卤丙烷缩聚物混合并加入适量的水，充分搅拌至完全溶解，然后定容、混合均匀即可。

产品应用 本品主要用于有氰碱性镀锌工艺，也适用于无氰碱性镀锌工艺，特别适用于碱性氰化电镀锌向碱性无氰锌酸盐电镀锌工艺的转化。

产品特性

（1）有氰碱性镀锌工艺采用该添加剂，在停止补加氰化钠后，以不影响正常生产为前提，逐渐转化成无氰环保碱性镀锌工艺。

（2）在停止补加氰化钠后，转化过程中和转化为无氰碱性镀锌后仍然可以得到在有氰碱性镀锌工艺中得到的良好镀锌层，如均镀能力、电流密度范围和温度范围等性能均超过有氰碱性镀锌工艺，性价比高，产品性能好。

（3）本品的有机聚合物和络合剂在水及碱性溶液中极易溶解，而且性能稳定，分解产物少，成本较低。

（4）本产品是由脂环胺类化合物和有机杂环类化合物及缩聚物复配而成，它们性能稳定，分解产物少，生产过程中无"三废"产生。

配方 **73** 专用于线材、带材镀锌光亮剂

原料配比

原料	配比/(g/L)
亚苄基丙酮	20～30
脂肪醇聚氧乙烯(3)醚	300～400
扩散剂 NNO	100～200
苯甲酸钠	70～100
硝基苯	3.0～4.8
去离子水	加至1L

制备方法

（1）将计算量的苯甲酸钠倒入少量热水（80℃）中，搅拌使其充分溶解；

（2）将计算量的 NNO 扩散剂倒入，搅拌使其充分溶解；

（3）分别将计算量的亚苄基丙酮和脂肪醇聚氧乙烯(3)醚缓慢倒入，搅拌均匀；

（4）将计算量的硝基苯加入，搅拌使其溶解；

（5）保持70℃左右的温度搅拌24h以上，然后静置24h后过滤。

产品应用 使用方法：

（1）配制通用的硫酸盐镀锌溶液，并调整 pH 值。

（2）将计算量的光亮剂边搅拌边加入硫酸盐镀锌溶液，使其混合均匀。

（3）再次调整镀液 pH 值，使其在工艺范围之内。

（4）将温度控制在 25～30℃ 内，依次增加光亮剂浓度，观察镀锌层光亮度，获得最佳光亮剂浓度范围。

（5）将光亮剂浓度控制在最佳浓度范围内，分别依次从低至高的温度进行镀锌，观察镀锌层光亮度，获得最佳温度范围。

产品特性 本品在 25～35mL/L、电流密度为 6～10A/dm² 范围内能获得光亮镀层。当光亮剂在适当范围时，在不同温度下施镀，发现当温度在 20～50℃ 时，获得光亮镀层。此光亮剂能在较大电流下实现快速镀锌且能显著提高镀锌层的光亮度、整平性和致密性。

三、镀铜添加剂

配方 **1** FPC 柔性板镀铜添加剂

原料配比

原料	配比（质量份）		
	1#	2#	3#
苯乙烯基苯酚聚氧乙烯醚	2	1	5
三元咪唑共聚物	0.1	0.2	0.2
改性聚醚	2	3	5
苄基二硫丙烷磺酸钠	0.15	0.2	0.3
黄染料	0.02	0.03	0.05
水	90	94	96

制备方法

（1）按质量份配比将苯乙烯基苯酚聚氧乙烯醚和 50％的水混合搅拌，直至苯乙烯基苯酚聚氧乙烯醚完全溶解，得到一次混合物；

（2）按质量份配比将三元咪唑共聚物加入一次混合物中进行混合搅拌，直至三元咪唑共聚物完全溶解，得到二次混合物；

（3）按质量份配比将改性聚醚加入二次混合物中进行混合搅拌，直至改性聚醚完全溶解，得到三次混合物；

（4）按质量份配比将改性苄基二硫丙烷磺酸钠加入三次混合物中进行混合搅拌，直至改性苄基二硫丙烷磺酸钠完全溶解，得到四次混合物；

（5）按质量份配比将黄染料加入四次混合物中进行混合搅拌，直至黄染料完全溶解，得到五次混合物；

（6）按质量份配比将 50％的水加入五次混合物中进行搅拌，即可制得镀铜添加剂。

产品应用 本品主要是一种 FPC 柔性板镀铜添加剂。

产品特性

（1）本品深镀能力优异，在采用本镀铜添加剂后进行 FPC 柔性板的电镀工艺处理时，可缩短电镀时间、提高产能。

（2）本品由于深镀能力优异，可以在孔内铜厚达到要求的前提下，降低面铜厚度，从而提高精细线路工艺的蚀刻能力，满足现代 FPC 精密线路工艺的要求。

（3）本品可保证镀铜层具有优良的延展性，同时也可适用于压延铜电镀。

配方 2 VCP 垂直连续镀铜添加剂

原料配比

原料		配比（质量份）						
		1#	2#	3#	4#	5#	6#	7#
巯基烷基磺酸盐	3-巯基-1-丙磺酸钠	0.028	0.028	0.028	0.028	0.028	0.028	0.028
对苯二甲酸哌啶盐	二硫代对苯二甲酸哌啶盐	0.014	0.014	0.014	—	—	—	0.014
	对苯二甲酸哌啶盐	—	—	—	0.014	—	—	—
	四硫代对苯二甲酸哌啶盐	—	—	—	—	0.014	—	—
丙酮		18	18	18	18	18	18	18
聚乙二醇	羟值（以 KOH 计，余同）为 14mg/g	0.22	—	—	—	—	—	—
	羟值为 30mg/g	—	0.22	—	—	—	—	—
	羟值为 8mg/g	—	—	0.22	—	—	—	—
	羟值为 14mg/g	—	—	—	0.22	0.22	0.22	0.22
葡萄糖酸钠		0.4	0.4	0.4	0.4	0.4	0.4	0.4
1-乙基-1H-咪唑-2-硫醇		0.09	0.09	0.09	0.09	0.09	0.09	—
去离子水		100	100	100	100	100	100	100

制备方法 将各组分原料混合均匀即可。

原料介绍 所述二硫代对苯二甲酸哌啶盐的制备方法为：将对苯二甲酰氯和硫代乙酰胺在四氢呋喃中反应，反应结束后加入氢氧化钾水溶液，将四氢呋喃减压蒸馏除去，然后加入盐酸，用乙醚萃取，再加入哌啶，过滤，干燥，即得。

产品应用 使用方法：电镀液包含如上所述的 VCP 垂直连续镀铜添加剂和基础液，所述基础液中含有硫酸铜、硫酸、氯离子，在 1L 电镀液中，至少包括巯基烷基磺酸盐 0.025～0.03g、二硫代对苯二甲酸盐 0.01～0.015g、丙酮 10～20g、聚乙二醇 0.2～0.25g、葡萄糖酸钠 0.1～0.5g、1-乙基-1*H*-咪唑-2-硫醇 0.08～0.1g、硫酸铜 80～90g、硫酸 170～190g、氯离子 0.04～0.09g。

电镀时温度为 15～40℃，阴极电流密度为 2～5A/dm^2。

产品特性 本品镀层柔软光亮、整平性优良，低区走位好，深镀能力极强，电镀效率高，电流密度范围大，操作控制简单，光亮剂体系稳定不易分解，对杂质容忍度高，碳处理周期长，使用成本低。

配方 **3** 凹版镀铜添加剂

原料配比

原料	配比（质量份）		
	1#	2#	3#
二甲苯磺酸钠	20	21	22
氨基磺酸钠	8	9	10
聚乙烯亚胺	8	9	10
乙醇	2	3	4
润湿剂	5	6	7
质量分数为 98% 的硫酸	4	5	6
去离子水	45	50	55

制备方法 将各组分原料混合均匀即可。

产品特性 本品组分和配比科学合理，方法简单，易生产，使用方便，效果好，既硬度大、光洁度好、性能柔韧好，又有效存放期长。

配方 **4** 垂直连续电镀（VCP）高 TP 值酸性镀铜光泽剂

原料配比

原料	配比（质量份）			
	1#	2#	3#	4#
噻唑啉基二硫代丙烷磺酸钠（SH-110）	0.5	0.2	0.8	0.5
聚乙烯亚胺烷基盐（PN）	1.5	2	2	1.5

续表

原料	配比（质量份）			
	1#	2#	3#	4#
氯化硝基四氮唑蓝（NTBC）	0.2	0.2	0.1	0.2
脂肪胺聚氧乙烯醚（AEO）	0.5	0.5	1	1
聚环氧乙烷聚环氧丙烷单丁基醚	20	30	25	10
脂肪胺乙氧基磺化物（AESS）	1	1	0.8	1
走位剂SLP	2.0	3	1.5	3.0
去离子水	加至200（体积份）	加至200（体积份）	加至200（体积份）	加至200（体积份）

制备方法 按照配方称取光亮剂、高温载体、整平剂、抑制剂A、抑制剂B、抑制剂C、酸铜走位剂，将各原料组分分别溶解于适量去离子水后混合均匀，然后加去离子水调至预定体积。

原料介绍 所述光亮剂为噻唑啉基二硫代丙烷磺酸钠（SH-110）。

所述高温载体为聚乙烯亚胺烷基盐（PN）。

所述整平剂为氯化硝基四氮唑蓝（NTBC）。

所述抑制剂A为脂肪胺聚氧乙烯醚。

所述抑制剂B为聚环氧乙烷聚环氧丙烷单丁基醚。

所述抑制剂C为脂肪胺乙氧基磺化物（AESS）。

所述脂肪胺聚氧乙烯醚，可以优选为商品AEO脂肪胺聚氧乙烯醚，是一种棕黄色液体，在酸铜镀液中作为低区走位剂，能明显改善低区的光亮度、整平性。

所述聚环氧乙烷聚环氧丙烷单丁基醚，可以优选为进口的聚环氧乙烷聚环氧丙烷单丁基醚，型号为50HB-400，是一种烷基封端的EO/PO聚醚，在酸性镀铜光亮剂中能够提供整平、走位、分散等性能。

所述脂肪胺乙氧基磺化物，可以优选商品AESS酸铜强走位剂。其外观是一种棕红色液体，镀液中加入AESS能明显改善低区光亮度、整平性，同时还具备一定润湿效果。

所述酸铜走位剂是指一种酸铜中间体，优选商品SLP线路板镀铜走位剂。其外观是一种无色透明液体，具有优异的低区填平走位能力，通常用于线路板镀铜添加剂中。

所述聚乙烯亚胺烷基盐，可以优选商品PN聚乙烯亚胺烷基盐，是一种高分子聚合物，作为高温载体，为淡黄色液体，具有极强的阴极极化作用，能明显增强低电流区的光亮度，不仅适用于酸铜，还可用于无氰镀锌光泽剂。

产品特性 本品为了在电镀生产线上有效控制镀液中光泽剂各组分的浓度，

将光泽剂调配成单液型，操作简单易行，大大方便客户在生产线上应用，且产品质量稳定。

配方 **5** 单剂染料型光亮酸性镀铜添加剂

原料配比

原料	配比/（g/L）	
	1#	2#
偶氮吩嗪聚合物盐酸盐	3	—
偶氮吩嗪聚合物硫酸盐	—	5
龙胆紫	2	1.5
亚甲基蓝	1	—
劳氏紫	—	0.8
聚丙二醇1000	5	—
聚丙二醇600	—	7
聚乙二醇2000	5	—
聚乙二醇1000	—	8
聚二硫二丁烷磺酸钠	2.5	—
聚二硫二丙烷磺酸钠	—	3
浓硫酸	2	2
去离子水	加至1L	加至1L

制备方法 在大烧杯中加入约300mL水，加入浓硫酸2g搅拌均匀，加入聚丙二醇、聚乙二醇和聚二硫二丁烷磺酸钠（或聚二硫二丙烷磺酸钠），搅拌至少1h使其完全溶解，之后再依次加入偶氮吩嗪聚合物盐酸盐（或偶氮吩嗪聚合物硫酸盐）、龙胆紫和亚甲基蓝（或劳氏紫），搅拌3h以上至完全溶解，定容至1L。

产品应用 配制的镀铜液的应用方法：在烧杯中加入所需水量一半的水，再加入硫酸搅拌均匀，趁热加入 $CuSO_4 \cdot 6H_2O$ 和NaCl，搅拌使其完全溶解，冷却至室温，加入添加剂搅拌均匀，定容；其中1L镀铜液中有 $CuSO_4 \cdot 6H_2O$ 180～210g，H_2SO_4 30～40mL，Cl^- 80～150mg，添加剂2.0～3.0mL。

产品特性 本品具有镀层出光快，能减少1/4～1/3的电镀时间，镀层饱满，不易发雾，填平性能好，深镀能力优异等优点。

配方 高填平酸铜光亮剂

原料配比

原料		配比（质量份）					
		1#	2#	3#	4#	5#	6#
染料化合物	亚甲基蓝	7.4	—	7	7.4	7.4	7.4
	亚甲基绿	—	7.4	—	—	—	—
聚二硫二丙烷磺酸钠		3.6	3.6	3.4	3.6	3.6	3.6
四硫代对苯二甲酸盐	四硫代对苯二甲酸四丁基铵盐	4.2	4.2	4.4	3.2	5.8	—
1,4-丁炔二醇		2	2	1.8	2	2	2
硫代吗啉		5.8	5.8	5.6	5.8	5.8	5.8
四氢呋喃		15	15	12	15	15	15
水		85	85	88	85	85	85

制备方法　将各组分原料混合均匀即可。

原料介绍　所述的聚二硫二丙烷磺酸钠的合成方法为，在 50mL 三颈瓶中加入 15g 硫化钠，在沸水浴加热使其溶解，在搅拌下分批加入硫黄粉 1.2g，加完后继续搅拌至变为深红色液体。在 250mL 三颈瓶中加入 100mL 乙醇，在搅拌下把上述溶液缓缓倒入其中，得到黄绿色悬浮液，然后在搅拌下滴加 10.5g 1,3-丙烷磺内酯，温度控制在 50℃ 以下，得到白色浆状体，过滤，烘干，得到白色粉末状聚二硫二丙烷磺酸钠。

所述的四硫代对苯二甲酸四丁基铵盐的合成方法为，将 10mmol 1,4-对二氯苄分散在 30mL 甲醇中，加入 42mmol 硫和 22mmol 甲醇钠，加热回流 15h。反应完后过滤，向滤液中加入 30mL 氯仿，再加入盐酸，直至溶液出现分层且上层变成无色。用分液漏斗分离出下层溶液，用旋转蒸发仪将溶液浓缩至 2mL，然后加入 10mL 质量分数为 25% 的四丁基氢氧化铵水溶液，再将溶剂蒸干，即得。产率为 82%。

产品应用　本品主要用作电镀灯饰、铁管、家具、卫浴洁具、五金件等要求填平较强的工件的一种电镀铜用高填平酸铜光亮剂。

使用方法：镀液包括硫酸铜 180～220g/L、硫酸 30～45mL/L、氯离子 80～150mg/L、电镀铜用高填平酸铜光亮剂 4～6mL/L。

产品特性

（1）本品快速出光，填平能力特强，低电位区也能快速填平。走位效果好，低电位区不容易发黑或发雾。镀液稳定，容易操作控制。镀层柔韧性好，不易产生针孔或麻点，具有良好的耐蚀性能。

（2）本品镀层填平度极佳。镀层不易产生针孔，内应力低，富有延展性。电流密度范围宽阔，镀层填平度可高至 80%。沉积速度特快，在 4.5A/dm² 的电流密度下，每分钟可镀 1μm 的铜层，电镀时间因而缩短。

电镀铜用高填平酸铜光亮剂

原料配比

原料		配比/(g/L)							
		1#	2#	3#	4#	5#	6#	7#	8#
整平剂		3	4	3.6	3.6	3.6	3.6	3.6	3.6
加速剂		1.5	2.5	2.2	2.2	2.2	2.2	2.2	2.2
载运剂	PEG 4000	7	15	—	—	—	—	—	—
	PEG 6000	—	—	12	12	12	—	—	—
	PEG 8000	—	—	—	—	—	12	12	12
水		加至1L	加至1L	加至1L	加至1L	加至1L	加至1L	加至1L	加至1L

制备方法 在容器中加入水，按照配比分别加入整平剂、加速剂和载运剂，搅拌溶解即获得所述的电镀铜用高填平酸铜光亮剂。

原料介绍 所述的整平剂为整平剂 A 和整平剂 B 的混合物，整平剂 A 和整平剂 B 的质量比为（2～3.5）:1。

所述的整平剂 A 可以是聚乙烯亚胺烷基化合物、巯基咪唑丙磺酸钠、二取代苯并噻唑、氯代季铵化的聚 N-乙烯基咪唑鎓盐、噻嗪染料、聚甘氨酸、聚烯丙胺、聚苯胺、聚脲、聚丙烯酰胺、聚乙烯基吡啶、聚乙烯基咪唑、聚乙烯吡咯烷酮、聚烷氧基酰胺、聚烷醇胺、聚氨基酰胺、N-甲基吡咯烷酮等。

所述的整平剂 B 由单体聚合得到，单位结构如下：

$$\text{（结构式）}$$

其中 R^1、R^2、R^4 可以独立地选自 H、C_1～C_4 的链烷基、C_6～C_{12} 的芳烷基、C_1～C_4 的羟基烷基；R_3 选自丙烯基、甲基丙烯基、4-戊烯基、10-十一碳烯基中的任一种。所述的整平剂 B 的聚合度为 25～50。

所述的加速剂选自聚二硫二丙烷基磺酸钠、2-巯基噻唑啉、亚乙基硫脲、α，ω-二巯基化合物、3-巯基-1-丙烷磺酸钠、2-甲基咪唑、2-巯基苯并咪唑中的任一种或多种。

所述的加速剂为亚乙基硫脲和α，ω-二巯基化合物的混合物时，亚乙基硫脲和α，ω-二巯基化合物的摩尔比为（1～3）：1。

所述的α，ω-二巯基化合物选自 1,3-二硫代丙三醇、2-巯乙氧基乙硫醇、2-巯二（乙氧基）乙基硫醇中的任一种或多种的混合。

所述的载运剂可以是辛基酚聚氧乙烯醚、聚乙二醇、聚丙二醇、聚乙二醇-丙二醇无规共聚物、乙二醇-丙二醇-乙二醇嵌段共聚物、丙二醇-乙二醇-丙二醇嵌段共聚物、烷氧基萘酚、聚亚烷基二醇化合物、聚乙烯醇、羧甲基纤维素、硬脂酸聚乙二醇酯、油酸聚乙二醇酯、二萘甲烷二磺酸钠、苯基聚二硫丙烷磺酸钠等。

所述的整平剂 B 的制备方法，至少包括以下步骤：

（1）取 5-胺-4,6-二氯嘧啶、R^2-NH_2 和三乙胺，其中 5-胺-4,6-二氯嘧啶、R^2-NH_2 和三乙胺的摩尔比为 1：2：2，加入溶剂正丁醇，正丁醇和 5-胺-4,6-二氯嘧啶的摩尔比为 45：1，搅拌，加热回流，6h 后收集产物 A。

（2）取产物 A、R^3-COCl、多聚磷酸溶于三氯氧磷中，A、R^3-COCl、多聚磷酸和三氯氧磷的摩尔比为 2：3：3：20，反应在氮气保护下进行，搅拌，加热回流，12h 后收集产物 B。

（3）取产物 B 溶解在二氯甲烷中，产物 B 和二氯甲烷的摩尔比为 1：280，向其中加入溶解在正丁醇中的 R^4-NH_2 溶液，产物 B、R^4-NH_2、正丁醇的摩尔比为 1：10：330，反应在密封的容器中进行，在 110℃下反应 16h，收集产物 C。

（4）取产物 C 和过氧化二苯甲酰，产物 C 和过氧化二苯甲酰的质量比为 200：1，在 85℃下恒温加热 30min，即可得到整平剂 B。

产品应用　本品主要应用于印制线路板电镀领域、防护装饰性电镀领域和塑料电镀领域。

所述的电镀铜用电镀液的原料组成为：100～220g/L $CuSO_4\cdot5H_2O$，50～250g/L H_2SO_4，10～100mg/L Cl^-，3～10g/L 所述的电镀铜用高填平酸铜光亮剂以及溶剂水；所述的 Cl^- 通过加入盐酸或氯化钠获得。所述的电镀铜用高填平酸铜光亮剂的使用温度为 10～70℃。

产品特性　本品通过整平剂、加速剂以及载运剂的复配能在高温下正常使用，获得的镀件整平、光亮，不易产生针孔，内应力低，延展性好，低电流区填平快，高、低电流区镀层均匀，并且镀液稳定性好，寿命长。

配方 **8** 镀铜光亮剂

原料配比

原料	配比/(g/L)
硫酸铜	5.0
硫酸锌	96
硫酸	80
糖精	0.8
柠檬酸	3.0
2,4-二甲基吡啶	0.08
乙酸铅	2.0
蒸馏水	加至 1L
氨水	适量

制备方法

（1）用去离子水使固体中间体完全溶解、黏稠液体稀释成稀溶液，操作用水量控制在配制溶液体积的 3/4 左右，不能超过规定体积。

（2）用 1∶1 氨水调整 pH 值到 4.5～6.0 之间，用蒸馏水稀释至规定体积。

产品应用 使用方法如下：

（1）将被镀物件进行化学除油除锈处理，烘干。

（2）将配好的镀液放入恒温水浴锅中加热至 80～100℃，用量筒量取所需已配好的光亮剂溶液依次加入镀液中，再将经前处理好的被镀件固定，悬挂在镀液中央，施镀，约 10～15min 取出，即可。

产品特性 该镀铜光亮剂具有高光亮度、高平整性、均镀能力好、镀液结构稳定、镀层结合力好、光亮剂使用量少等特点。

配方 **9** 镀铜用复配光亮剂

原料配比

原料		配比（质量份）		
		1♯	2♯	3♯
苯基聚二硫丙烷磺酸钠		15	20	25
杂环硫化物	2-硫醇基苯并噻唑	0.5	0.8	—
	亚乙基硫脲	0.5	—	1
	2-四氢噻唑硫酮	—	0.8	1

续表

原料		配比（质量份）		
		1#	2#	3#
乙醇溶液	95%乙醇溶液	100（体积份）	—	—
	97%乙醇溶液	—	150（体积份）	—
	98%乙醇溶液	—	—	200（体积份）
聚醚类化合物	聚乙二醇1000	50	—	—
	聚乙二醇6000	—	75	100
表面活性剂	十二烷基磺酸钠	50	—	—
	OP-21	—	75	—
	脂肪胺聚氧乙烯醚	—	—	100
稀土盐	硝酸镧	0.1	0.3	0.5
去离子水		1000（体积份）	2000（体积份）	2000（体积份）

制备方法　将苯基聚二硫丙烷磺酸钠与杂环硫化物溶解在乙醇中，再加入聚醚类化合物、表面活性剂、稀土盐，搅拌均匀即可。

产品应用　使用方法：将本镀铜用复配光亮剂加入镀槽内的电镀液中，控制添加量为 0.8mg/L，搅拌混合 15min，再控制镀槽内温度为 45℃，电流密度为 1A/dm²，将镀件放入镀槽内电镀 10min 即可。

产品特性

（1）本品通过苯基聚二硫丙烷磺酸钠与杂环硫化物的络合作用，在阴极表面吸附，同时又与铜离子发生络合作用，极大抑制铜离子快速沉积，使镀层更加致密；

（2）本品利用稀土元素的外层电子极度不饱和，与基体铁之间通过外层电子形成一种互补结构，稳定地吸附在铁基体的活性表面之上，再与聚醚类化合物协同作用，填充针孔和麻点区，消除铜镀层产生的麻点和针孔现象，提高阴极极化，使铜镀层更均匀细致；

（3）将本品应用于电镀液中，能使电镀液保持长期稳定，且保持良好的导电性能、分散性能、抗杂质性能、络合能力，保证铜镀层有良好的韧性，可获得柔软性好的、分散性好的、光亮的、结晶致密的、结合力好的铜镀层。

配方 **10** 复合镀铜用光亮剂

原料配比

原料	配比（质量份）		
	1#	2#	3#
主剂	80	85	87

原料		配比（质量份）		
		1#	2#	3#
表面活性剂	十八胺聚氧乙烯醚	22	27	30
	十二烷基硫酸钠	14	—	17
	烷基酚聚氧乙烯醚	—	16	—
	添加剂	7	11	13
助剂	腐植酸	5	—	9
	单宁	—	7	—
添加剂	苯亚甲基丙酮	2	2	2
	水杨醛	1	2	3
主剂	第一产物 乙醇溶液	70	75	80
	正己烷	40	45	50
	马来酸酐	30	33	35
	丙烯酸	20	23	25
	丙戊酸钠	13	15	18
	乙烯基膦酸	9	12	16
	过硫酸铵溶液	2	5	7
	催化剂	1	2	3
	N,N-二甲基甲酰胺	80	83	87
	苯甲醚	60	65	70
	第一产物	35	38	40
	甲基丙烯酸缩水甘油酯	26	29	32
	五甲基二乙烯三胺	17	20	23
	三乙胺	6	8	9

制备方法 将各组分原料混合均匀即可。

原料介绍 所述的主剂的制备方法包括如下步骤：

（1）首先将乙醇溶液、正己烷、马来酸酐、丙烯酸放入反应釜中，使用氮气保护，在70～75℃下预热，再加入过硫酸铵溶液，升温至90～95℃，搅拌，升温至160～180℃，再加入丙戊酸钠、乙烯基膦酸及催化剂，保温12～15h；

（2）在保温结束后，冷却至室温，出料，收集出料物，减压蒸馏回收乙醇及正己烷，收集剩余物，得到第一产物；

（3）将N,N-二甲基甲酰胺、苯甲醚、第一产物、甲基丙烯酸缩水甘油酯放入反应器中，使用氮气保护，在40～50℃下加热30～50min，再加入五甲基二乙烯三胺及三乙胺，升温至95～105℃并加热2～4h，再降温2～5℃并保温1～3h，再升温至95～105℃并加热2～4h，重复升温降温2～4次，收集容器中的混合物，并减压蒸馏回收N,N-二甲基甲酰胺、苯甲醚，收集剩下物，即得主剂。

所述催化剂为强酸性苯乙烯系阳离子交换树脂。

产品应用 本品主要是一种复合镀铜用光亮剂。使用量为 4mL/L。

产品特性 本品首先以马来酸酐、丙烯酸作为原料，在过硫酸铵的作用下，聚合形成共聚物，在聚合过程中，加入丙戊酸钠、乙烯基膦酸，通过强酸性苯乙烯系阳离子交换树脂的催化作用将其接枝至共聚物中，增加活性位点，提高与铜离子的螯合性能，减缓铜离子的下沉速度。随后再以 N,N-二甲基甲酰胺、苯甲醚、甲基丙烯酸缩水甘油酯等作为原料进行聚合，形成亲水型聚合络合物，通过螯合聚合进行复配增强了与铜离子的结合，并且两种聚合物具有优良的分散性能，可以使铜离子均匀地分散在基体表面来进行镀铜。并且加入的苯亚甲基丙酮、水杨醛可以减缓晶体成长速度，加快晶核形成速度，提高铜镀层晶粒的致密性，再加入表面活性剂，在助剂的作用下，降低针孔的产生，同时利用助剂的作用加强了镀层与基体的结合性能。

配方 钢铁件酸性预镀铜电镀添加剂

原料配比

（1）主光剂配方

原料		配比（质量份）								
		1#	2#	3#	4#	5#	6#	7#	8#	9#
非离子型表面活性剂	脂肪醇聚氧乙烯醚	1.0	—	—	—	—	1.5	1	—	—
	烷基酚聚氧乙烯醚	—	1.5	—	—	—	—	—	—	1
	聚乙二醇	—	—	1.5	—	—	—	—	—	1
	聚丙二醇	—	—	—	2.0	—	1.5	—	5	1
	聚醚	—	—	—	—	1	—	—	0.5	—
含硫、氮有机化合物	2-巯基苯并咪唑	—	0.1	—	—	—	—	—	—	—
	苯并三氮唑	0.2	—	—	—	—	—	0.1	—	—
	烯丙基硫脲	—	—	2	—	—	—	—	—	1
	亚乙基硫脲	—	—	—	1.5	—	2	—	1.5	1
	四氢噻唑硫酮	—	—	—	—	0.2	—	0.05	—	—
	蛋氨酸	—	—	—	2.5	—	2.5	—	—	—
	聚二硫二丙烷磺酸钠	—	—	—	—	—	—	—	0.1	0.1
醇类化合物	乙醇	10.0	—	—	8.0	—	8.5	—	10	8
	甲醇	—	10	—	—	—	—	20	—	—
	丙三醇	—	—	3.5	—	5	—	—	—	2.5

续表

原料		1#	2#	3#	4#	5#	6#	7#	8#	9#
醛类化合物	甲醛	10.0	—	—	—	20	2	15	—	5
	香草醛	—	0.2	—	—	—	—	—	0.2	—
	洋茉莉醛	—	—	0.1	—	—	—	—	0.1	0.1
	邻氯苯甲醛	—	—	—	0.2	—	0.1	—	—	—
酮类化合物	亚苄基丙酮	—	—	—	—	1.5	—	—	—	—
	苯亚甲基酮	0.2	—	—	—	—	—	0.2	—	0.1
	丙酮	—	2	—	—	—	—	0.8	2	1
染料	酚酞	—	—	—	0.1	—	0.05	—	0.05	—
	詹纳斯绿B	0.1	—	—	—	—	—	0.1	—	—
	甲基紫	—	0.05	—	—	0.1	—	—	—	0.05
	亚甲基绿	—	—	0.05	—	—	—	—	0.2	0.03
	亚甲基蓝	—	—	—	—	—	—	—	—	0.03
	甲基橙	—	—	0.05	—	—	—	0.05	0.05	—
金属盐	硫酸铜	2.0	—	—	5.0	—	5	5	—	3
	硫酸锌	—	3.0	—	3.0	—	3	—	3	1.5
	硫酸钛	—	—	1.0	—	—	—	—	—	1
	硫酸铈	—	—	—	—	1	—	—	—	—
水		加至1L	加至1L	加至1L	加至1L	加至1L	加至1L	加至1L	加至1L	加至1L

（2）助光剂配方

原料		1#	2#	3#	4#	5#	6#	7#	8#	9#
非离子型表面活性剂	脂肪醇聚氧乙烯醚	0.2	0.8	—	—	—	1	0.1	—	1
	烷基酚聚氧乙烯醚	—	—	—	—	—	0.2	—	0.8	—
	聚乙二醇	—	—	0.8	—	—	—	—	0.6	0.6
	聚丙二醇	—	—	—	1.5	—	—	1	—	0.5
	聚醚	—	—	—	—	1	—	—	—	—
醛类化合物	香草醛	0.02	—	—	—	—	0.1	—	—	—
	甲醛	—	2	—	—	—	—	1	1	0.5
	洋茉莉醛	—	—	0.5	—	8	—	—	0.5	—
	邻氯苯甲醛	—	—	—	0.3	0.2	—	0.2	—	0.5
染料	亚甲基蓝	0.1	—	—	0.1	—	0.1	0.1	—	—
	甲基紫	—	0.1	—	—	—	0.15	—	—	—
	酚酞	—	—	—	—	0.1	—	—	—	0.1
	亚甲基绿	—	—	0.1	—	—	—	0.1	—	—
	甲基橙	—	—	0.03	—	—	—	—	0.03	0.02

原料		配比（质量份）								
		1#	2#	3#	4#	5#	6#	7#	8#	9#
无机酸	36%浓盐酸	5.0	8	10	—	—	8.5	—	—	—
	硫酸	—	—	—	—	—	—	—	—	2
氯化物	氯化铜	—	—	1.5	—	—	—	—	2.5	1.5
	氯化锌	—	—	—	3	—	—	2	—	2
	氯化镍	—	—	—	—	2.5	—	—	—	—
金属盐	硫酸铜	3.0	—	—	—	—	3	—	—	3
	硫酸锌	—	5	—	5	—	5	3	—	—
	硫酸钛	—	—	2.0	3	—	—	2	2	—
	硫酸铈	—	—	—	—	1	—	—	—	—
水		加至1L	加至1L	加至1L	加至1L	加至1L	加至1L	加至1L	加至1L	加至1L

制备方法 将各组分原料混合均匀即可。

原料介绍 所述的主光剂包括：非离子型表面活性剂、含硫、氮有机化合物、醇类化合物、醛类化合物、酮类化合物、染料、金属盐、水。

所述的非离子型表面活性剂包括一种至三种选自高级脂肪醇聚氧乙烯醚、脂肪醇聚氧乙烯醚、烷基酚聚氧乙烯醚、聚乙二醇、聚丙二醇、聚醚等。非离子型表面活性剂的作用在于有效地提高阴极极化，抑制铜离子的放电还原。

所述的含硫、氮有机化合物包括一种至三种选自苯并三氮唑、2-巯基苯并咪唑、硫脲、烯丙基硫脲、亚乙基硫脲、聚二硫二丙烷磺酸钠、四氢噻唑硫酮、蛋氨酸等。含硫、氮有机化合物作用在于有效地与铜离子生成表面化合物，抑制铜离子的放电还原。

所述的醇类化合物包括一种或两种选自乙醇、甲醇、丙三醇等。醇类化合物的作用在于提高表面活性剂在阴极区的分布能力。

所述的醛类化合物包括一种至两种选自香草醛、洋茉莉醛、邻氯苯甲醛、甲醛等。醛类化合物的作用在于通过自身在阴极上放电还原，调整高低电流密度区铜离子的放电速度。

所述的酮类化合物包括一种或两种选自亚苄基丙酮、苯亚甲基酮、丙酮等。酮类化合物的作用在于在阴极上放电还原，调整铜离子的放电速度。

所述的染料包括一种至三种选自詹纳斯绿B、亚甲基蓝、甲基紫、亚甲基绿、甲基橙、酚酞等。染料的作用在于提高镀层的整平能力。

所述的金属盐包括一种至三种选自硫酸铜、硫酸锌、硫酸钛、硫酸铈等。金属盐的作用在于使得镀层结晶细化。通过使用主光剂，可以提高阴极极化，有效抑制铜离子的放电还原，使铜层结晶细化，与基体结合良好。

所述的助光剂包括：非离子型表面活性剂、醛类化合物、染料、氯化物、金属盐、水、无机酸。

所述的非离子型表面活性剂包括一种至三种选自高级脂肪醇聚氧乙烯醚、脂肪醇聚氧乙烯醚、烷基酚聚氧乙烯醚、聚乙二醇、聚丙二醇、聚醚等。非离子型表面活性剂的作用在于提高阴极极化，抑制铜离子的放电还原。

所述的醛类化合物包括一种至两种选自香草醛、洋茉莉醛、邻氯苯甲醛、甲醛等。醛类化合物的作用在于调节高电流密度区与中、低电流密度区铜离子的放电速度。

所述的染料包括一种至两种选自詹纳斯绿 B、亚甲基蓝、甲基紫、亚甲基绿、甲基橙、酚酞等。染料的作用在于提高阴极极化，增加铜镀层的填平性能。

所述的氯化物包括一种或两种选自盐酸、氯化锌、氯化铜、氯化镍等。氯化物的作用在于增加高电流密度区的电流密度范围，使镀层结晶细化。

所述的金属盐包括一种或两种选自硫酸铜、硫酸锌、硫酸钛、硫酸铈等。金属盐的作用在于与染料生成络离子，使铜镀层结晶细化。

所述的无机酸包括浓盐酸、硫酸的一种。无机酸作用在于增加镀液的导电能力。

产品应用　本品主要是一种在酸性溶液内进行钢铁件的预镀铜的添加剂。

（1）预镀工艺配方：

预镀液的配方（g/L）：五水硫酸铜 5～25，硫酸 20～90，主光剂 20～30，助光剂 20～25，水为余量。

（2）预镀工艺的工作条件：

温度（℃）：20～40；

阴极电流密度（A/dm^2）：0.5～1.5；

阴极沉积速度（1A/dm^2 时以 μ/min 计）：0.2～0.25；

阳极：磷青铜和石墨；

阴极面积：阳极面积：1：（1.5～2）；

阴极移动：需要；

过滤：连续或间歇。

（3）采用本品的酸性直接预镀铜工艺的钢铁件电镀流程为：

① 将待镀零件进行化学除油、除锈工序；

② 待镀零件水洗、碱性电解除油后再水洗；

③ 弱酸活化；

④ 水洗；

⑤ 酸性直接预镀铜；

⑥ 水洗；

⑦ 酸性光亮镀铜至成品。

产品特性

(1) 本品通过添加剂的综合作用，使电沉积时阴极极化增大，铜离子的放电电位升高，从而获得光亮、结晶细致、与基体结合良好的镀层。

(2) 采用本品可以完成在酸性溶液中直接进行预镀铜的工艺，其与无氰碱性镀铜和氰化物镀铜相比具有较大的有益效果。

(3) 采用本品可以在酸性溶液下，直接对待镀工件进行直接镀铜的预镀工艺，镀层与铁基体结合力良好，预镀的铜镀层又能与酸性光亮镀铜时的铜镀层完全结合，从而真正解决铁基体与铜镀层之间的结合力的问题。采用本品的电镀液完全低毒，极有利于环保，镀液成分简单，操作容易，性能稳定，阴极电流效率为80%~97%，可长期使用。

配方 **12** 高分散酸性镀铜添加剂

原料配比

原料	配比/(g/L)
二价硫化物主光亮剂	1.5
聚乙二醇10000	15
聚（乙二醇-丙二醇）单甲醚	50
苄基三乙基氯化铵	1
浓硫酸	10（体积份）
甲醛	1（体积份）
去离子水	加至1L

制备方法

(1) 在容器中加入容器体积2/3的去离子水，加入计算量的浓硫酸，搅拌均匀；

(2) 待（1）的溶液冷却至室温后，依次加入计算量的二价硫化物主光亮剂、抑制剂、烷基季铵盐型阳离子表面活性剂及甲醛，搅拌至完全溶解；

(3) 补充去离子水并定容，即得高分散酸性镀铜添加剂。

原料介绍 所述的二价硫化物主光亮剂为聚二硫二丙烷磺酸钠、苯基聚二硫丙烷磺酸钠、噻唑啉基聚二硫二丙烷磺酸钠、2-巯基苯并咪唑中的一种或多种混合物。

所述的烷基季铵盐型阳离子表面活性剂为甲基三乙基氯化铵、苄基三乙基氯化铵、十二烷基三甲基氯化铵、十六烷基三甲基氯化铵中的一种或多种混合物。

所述的抑制剂为聚乙二醇4000、聚乙二醇6000、聚乙二醇8000、聚乙二

10000、聚（乙二醇-丙二醇）单甲醚或聚氧乙烯月桂基醚中的一种或多种混合物。

产品应用 本品主要用于印制线路板的高厚径比的通孔电镀，能明显提高镀液的分散能力。

高分散酸性镀铜添加剂应用于印制线路板导通孔的电镀方法，包括以下步骤：

（1）制板。准备板厚 1.60mm 的印制线路板，在印制线路板需要受镀区域均匀相间钻直径为 0.20～0.30mm 的导通孔。

（2）配镀铜液。把五水硫酸铜、硫酸、氯离子、高分散酸性镀铜添加剂倒入电镀槽内进行搅拌混合以配制成镀铜液，对镀铜液升温并控制在 25℃。

添加高分散酸性镀铜添加剂的镀铜液，包括：五水硫酸铜 58～78g/L，硫酸 200～220g/L，氯离子 40～60mg/L，高分散酸性镀铜添加剂 0.5～20mL/L。

（3）电镀。向镀铜液通电，镀铜液电流密度为 10～30A/dm²，将经（1）处理后的印制线路板置于镀铜液中进行电镀处理 60min。

（4）烘干。将经（3）处理的印制线路板放入 150℃恒温箱烘干得成品。

产品特性 本品有明显提高印制线路板通孔电镀时的孔壁铜厚与表面铜厚比值的作用，所获得铜层具有满足生产需要的耐热性和延展性，更能满足高孔径比印制电路板的制作需求。添加高分散酸性镀铜添加剂后的硫酸型酸性镀铜液，具有成分简单，电流效率高，得到全光亮、高延展性、高电气导通性能的镀层等特点。

配方 **13** 高速 VCP 镀铜添加剂

原料配比

原料	配比（质量份）		
	1#	2#	3#
水溶性聚乙二醇	3	5	2
2-吡啶甲酸	0.1	0.3	0.1
聚乙二醇-聚丙二醇（3:1）共聚物	10	5	8
季铵化聚乙烯咪唑	0.2	0.3	0.1
二甲基甲酰胺基丙烷磺酸钠	0.4	0.6	0.2
去离子水	86	92	74

制备方法

（1）按质量份配比将聚乙二醇和 50% 的水混合搅拌，直至聚乙二醇完全溶解，得到一次混合物；

（2）按质量份配比将 2-吡啶甲酸加入一次混合物中并混合搅拌，直至 2-吡啶甲酸完全溶解，得到二次混合物；

（3）按质量份配比将聚乙二醇聚-丙二醇共聚物加入二次混合物中并混合搅拌，直至聚乙二醇-聚丙二醇共聚物完全溶解，得到三次混合物；

（4）按质量份配比将季铵化聚乙烯咪唑加入三次混合物中并混合搅拌，直至季胺化聚乙烯咪唑完全溶解，得到四次混合物；

（5）按质量分配比将二甲基甲酰胺基丙烷磺酸钠加入四次混合物中并混合搅拌，直至二甲基甲酰胺基丙烷磺酸钠完全溶解，得到五次混合物；

（6）按质量份配比将 50% 的水加入五次混合物中并搅拌，即可制得镀铜添加剂。

原料介绍　所述聚乙二醇为水溶性聚乙二醇，且所述聚乙二醇的分子量为 $10000 \sim 20000$。

所述聚乙二醇-聚丙二醇共聚物中的聚乙二醇与聚丙二醇的比例为 3∶1。

产品特性

（1）采用本品的镀铜添加剂后可以使 VCP 镀铜工艺使用 $5 \sim 7A/dm^2$ 的电流密度，可以大大缩短电镀时间，可提升 37%～90% 的产能。

（2）保证镀铜层具有优良的延展性，使用本镀铜添加剂时，镀铜层的延展性大于 18%，完全满足线路板镀铜的要求。

（3）保证镀铜层具有优良的均匀性，配合垂直连续电镀设备，采用本镀铜添加剂所电镀的镀铜层均匀性好。

配方 **14** 碱性氯化物镀铜处理剂

原料配比

原料	配比（质量份）
氢氧化钠	7
氯化钾	6
硫酸铜	3
1,4-丁炔二醇	0.4
酒石酸钾钠	4
水	79.6

制备方法

（1）在电解槽内加入部分水，将氢氧化钠倒入槽内搅拌至全部溶解，配制成质量分数为30％的氢氧化钠溶液；

（2）将硫酸铜溶解于70℃水中，搅拌至全部溶解后加入氯化钾或氯化钠，搅拌至全部溶解，然后加入上述氢氧化钠溶液中；

（3）将酒石酸钾钠加入上述混合溶液中，搅拌至全部溶解，冷却至40℃以下；

（4）最后加入1,4-丁炔二醇，搅拌均匀即可电镀，在一定电流密度下电解2～3h，阴极镀件面积：阳极电解铜板面积为1∶（1.5～2）。

原料介绍　所述的氯化钾或氯化钠也能采用碘化钾或碘化钠代替。

产品应用　使用方法：电镀过程消耗铜离子，为镀铜处理剂补充铜离子时，将硫酸铜和酒石酸钾钠用70℃的水混合溶解后，一边搅拌一边缓慢地加入镀铜处理剂中。所述电解的电流密度为0.5～3A/dm²。

产品特性　本品具有镀层结合率高、沉积速度快的特点，电镀的产品光亮细致，而且无脆性，烘烤温度在250℃时无起皮，不变色，抗杂质能力强，镀层极少有发雾、起泡、脱离现象，且具有成本低、节能、废水易处理的优点。

配方 **15** 碱性无氰镀铜剂

原料配比

原料		配比（质量份）	
		1#	2#
pH调节剂	碳酸钠	30	—
	氢氧化钠	—	50
	柠檬酸钠	—	30
	碳酸钾	40	—
电流稳定剂	氯化钾	500	400
	氯化钠	300	—
	氯化铜	—	200
	碘化钠	—	180
走位剂	酒石酸钠	15	—
	苯甲酸钠	—	20
	乙醇酸	15	—
	草酸钾	—	30

原料		配比（质量份）	
		1#	2#
络合剂	植酸钠	—	50
	葡萄糖酸钠	100	—
	酒石酸钾钠	—	40

制备方法　将各组分原料混合均匀即可。

产品应用　本品主要用于钢、黄铜的滚镀、挂镀以及锌压铸、锌合金和铝合金的镀铜。

碱性无氰镀铜剂的使用方法如下。

镀铜液组分包括：碱性无氰镀铜剂 60～80g/L、硫酸铜 50～70g/L、氢氧化钠 50～70g/L、氯化钾 90～110g/L、酒石酸钾钠 10～20g/L、FW1503 开缸剂 30～50mL/L。

（1）在电解槽内将水温加热到 80℃，再将计算量的硫酸铜和氯化钾一起倒入并不停搅拌，直至完全溶解；

（2）将其他成分在不同的溶解槽内各自单独溶解（FW1503 开缸剂除外），直到溶解彻底；

（3）待（1）硫酸铜和氯化钾溶液冷却至 40℃ 左右时，将（2）中的各溶液与其混合，氢氧化钠溶液最后加入，并搅拌，然后加入计算量的水和 FW1503 开缸剂，最后搅拌均匀。电镀槽内的电流密度为 0.5～3A/dm²，镀液的 pH 值为 9～11，温度为 30～40℃。

产品特性　使用本品碱性无氰镀铜剂，既可以在现有的氰化镀铜镀液中不改变原有的工艺，用以替代氰化钠，也可以用于全无氰碱性镀铜工艺，解决碱性无氰镀铜工艺中存在的诸多不足，使碱性无氰镀铜工艺达到了氰化镀铜的水准。其特点为，电流效率高、阴极极化能力好、沉积速度快、结合力好、镀层细致无脆性、抗砸、抗划、高温烘烤不起泡，可直接用于钢、黄铜的滚镀、挂镀以及锌压铸、锌合金和铝合金的镀铜，废水处理容易，符合清洁生产要求。

配方 16 耐高电流密度电镀铜添加剂

原料配比

原料	配比/(g/L)				
	1#	2#	3#	4#	5#
PEG8000	0.1	—	—	—	—

续表

原料		配比/(g/L)				
		1#	2#	3#	4#	5#
PEG10000		—	0.1	0.1	0.1	0.1
PEG600		0.01	—	—	—	—
PEG1500		—	0.01	0.01	0.01	0.01
整平剂	烷胺	0.008	0.008	—	—	0.004
	金刚烷胺	—	—	0.008	0.008	—
PAS-1		—	—	—	0.008	0.004
SPS		0.016	0.016	0.016	0.016	0.016
甲醛		0.04	0.04	—	—	—
苯酚钠		—	—	0.012	0.012	0.015
去离子水		加至1L	加至1L	加至1L	加至1L	加至1L

制备方法　将PEG加入去离子水中，完全溶解；再依次加入整平剂、PAS-1（烷基二甲基氯化铵与二氯化硫共聚物）、SPS（聚二硫二丙烷磺酸钠）、甲醛、苯酚钠，每次加入后一种试剂均在完全溶解前一种试剂之后，混合均匀制得添加剂。制备过程的温度控制在不超过35℃。

产品特性　当使用本品在更高的电流密度来生产时，可同时满足深镀能力的要求，节约电镀时间，提高生产效率，具有宽的电流密度3.5～6.0A/dm²，深镀能力可达80%～85%。

配方 **17** 柔性高速镀铜添加剂

原料配比

原料	配比/(g/L)		
	1#	2#	3#
聚乙二醇	9	10	11
聚二硫二丙烷磺酸钠	1.4	1.5	1.6
整平剂	0.14（体积份）	0.15（体积份）	0.16（体积份）
分散剂	2.90（体积份）	3（体积份）	3.10（体积份）
去离子水	加至1L	加至1L	加至1L

制备方法

（1）向容器中加入部分去离子水，开启搅拌；

（2）加入聚乙二醇，搅拌溶解；

（3）加入溶解的聚二硫二丙烷磺酸钠；

（4）加入整平剂和分散剂；

（5）补加剩余去离子水，搅拌均匀后制备得到柔性高速镀铜添加剂。

原料介绍 所述高整平剂选自聚亚胺、咪唑系季铵盐、丁炔二醇中的一种或多种。

所述分散剂选自无水乙醇、磺酸单体或其盐的结构单元以及共聚单体中的至少一种。

产品应用 本品主要是一种柔性高速镀铜添加剂。

产品特性

（1）本品提供的柔性镀铜添加剂上铜速率快，上铜速率比传统镀铜光泽剂快 20%。

（2）电镀铜后可以明显看到孔内和孔口比其他地方厚而亮，其他地方亚亮。

（3）本品制造简单并且具有良好的稳定性。

配方 18 三组分酸性光亮镀铜添加剂

原料配比

<table>
<tr><th rowspan="2">原料</th><th colspan="6">配比（质量份）</th></tr>
<tr><th>1#</th><th>2#</th><th>3#</th><th>4#</th><th>5#</th><th>6#</th></tr>
<tr><td colspan="2">氯离子</td><td>0.4</td><td>0.05</td><td>0.05</td><td>0.02</td><td>0.1</td><td>0.05</td></tr>
<tr><td colspan="2">苯基二硫丙磺酸钠</td><td>0.015</td><td>0.01</td><td>0.01</td><td>0.005</td><td>0.05</td><td>0.03</td></tr>
<tr><td rowspan="4">聚醚类非离子表面活性剂</td><td>壬基酚聚氧乙烯醚（15）</td><td>0.04</td><td>—</td><td>—</td><td>—</td><td>—</td><td>0.08</td></tr>
<tr><td>壬基酚聚氧乙烯醚（40）</td><td>—</td><td>0.03</td><td>0.01</td><td>—</td><td>—</td><td>—</td></tr>
<tr><td>壬基酚聚氧乙烯醚（10）</td><td>—</td><td>—</td><td>0.02</td><td>—</td><td>—</td><td>—</td></tr>
<tr><td>壬基酚聚氧乙烯醚（20）</td><td>—</td><td>—</td><td>—</td><td>0.045</td><td>—</td><td>—</td></tr>
<tr><td colspan="2">去离子水</td><td>加至1L</td><td>加至1L</td><td>加至1L</td><td>加至1L</td><td>加至1L</td><td>加至1L</td></tr>
</table>

制备方法 将各组分原料混合均匀即可。

产品应用 本品主要用作镀铜添加剂。

三组分酸性光亮镀铜添加剂在电解铜箔制造工艺中的应用，具体应用步骤如下：

（1）配备硫酸铜和硫酸的水溶液作为基础电解液，所述基础电解液中 Cu^{2+} 浓度为 $70\sim120g/L$，H_2SO_4 浓度为 $80\sim150g/L$。

（2）向基础电解液中添加三组分酸性光亮镀铜添加剂，得镀液。

（3）使用钛（或铜、钛基体氧化物涂层电极）作为阳极、钛辊作为阴极，控制镀液温度为 40～70℃，处于搅拌状态，阴极要求转动，施加 600～900mA/cm^2 恒定电流密度，控制阴极转速即可获得目标厚度的光亮整平铜箔。

产品特性

（1）本品可以通过调整添加剂组分和浓度制备从亚光到镜面光亮的各种光亮度的铜箔。制备的电解铜箔非常整平，无突出晶粒，镀层均匀致密。

（2）此添加剂可用于高温高浓度电镀液，且光亮电流密度上限可达 900mA/cm^2，这会显著提高电解铜箔的生产效率，适合大规模工业生产。

（3）此添加剂组分相对简单，在很宽的浓度范围（氯离子为 20～100mg/L，有机磺酸盐为 5～50mg/L，烷基酚聚氧乙烯醚为 10～80mg/L）内都可以电解得到高性能的电解铜箔，便于生产过程中的调控。

配方 19 酸性镀铜光亮稳定剂

原料配比

原料	配比（质量份）								
	1#	2#	3#	4#	5#	6#	7#	8#	9#
硫脲丙基硫酸钠	3	7	4	6	5	5.4	5.1	5.2	5.3
交联型聚酰胺11	1	7	2	6	3	5	3.5	4	4
聚乙二醇	0.1	2	0.5	1.5	0.8	1	0.9	0.9	0.9
水	95.9	84	93.5	86.5	91.2	88.6	90.5	89.9	89.3

制备方法 将硫脲丙基硫酸盐、交联型聚酰胺11交联物、聚乙二醇加入水中，充分混合，搅拌溶解分散，得到酸性镀铜光亮稳定剂。

产品应用 本品主要是一种酸性镀铜光亮稳定剂。应用方法：将所述酸性镀铜光亮稳定剂加入酸性镀铜液中，进行酸性连续镀铜工艺。

产品特性

（1）采用酸性镀铜光亮稳定剂，有利于在长期酸性连续镀铜工艺中保持体系稳定，有效提高镀铜层平整度、光亮度，在镀铜质量方面取得更好的技术效果。

（2）本品应用方法简单，能够用于长期酸性连续镀铜工艺，有助于保持体系稳定，使所得铜片厚度均匀，外表平整、光亮。

配方 **20** 酸性镀铜系列添加剂

原料配比

原料		配比（体积份）				
		1#	2#	3#	4#	5#
预浸剂	去离子水	80	90	85	82	88
	硫酸铜	3	6	4.5	4	5
	聚乙二醇	5	10	8	6	8
	37%甲醛	2	5	3.55	3	4
承载剂	去离子水	80	85	83	81	84
	硫酸	2	4	3	2.5	3.5
	硫酸铜	2	4	3	2.5	3.5
	聚醚	9	15	12	11	13
	37%甲醛	1	3	2	1.5	2.5
光亮剂	去离子水	80	88	84	82	87
	硫酸	1	3	2	1.5	2.5
	硫酸铜	2	4	3	2.5	3.5
	聚乙二醇	8	15	12	10	13
	37%甲醛	1	5	3	2	4
整平剂	去离子水	80	90	85	83	87
	硫酸铜	4	5	4.5	4	5
	聚醚	5	10	8	6	8
	37%甲醛	1~3	3	2	1.5	2.5
整平剂补充剂	去离子水	85	90	87	86	88
	硫酸铜	1	5	3	2	4
	聚乙二醇	1	5	1~5	1~5	4
	37%甲醛	1	5	3	2	4

制备方法 将各组分原料混合均匀即可。

产品应用 所述的酸性镀铜系列添加剂，其使用方法为：电镀前加入预浸剂 90~110mL/L，20~27℃浸泡 4~6min；在电镀液中添加承载剂、光亮剂、整平剂，浓度分别为 10~20mL/L、3~6mL/L、10~20mL/L；槽液成分补加分为承载剂 50~100mL/(kA·h)、光亮剂 200~400mL/(kA·h)、整平剂补充剂 200~300mL/(kA·h)。

产品特性

（1）镀液表现稳定，填孔效率极佳和导通孔深镀力良好，填孔率＞85%；

（2）电镀铜层光亮、结晶细密、延展性好和均匀性极佳；

（3）可用直流电镀法和铜阳极生产；

（4）使用后电镀层特点为：电镀层结构为铜离子晶体细密，密度为 $8.9g/cm^3$；延展率大于 15%；抗拉强度为 $280\sim350N/mm^2$；热应力测试合格，6 次浮锡测试 $288℃/10s$。

配方 21 胎圈钢丝镀铜添加剂

原料配比

原料	配比/（mg/L）
亚乙基硫脲	1.8
2-羟基苯并咪唑	1.2
聚二硫二丙烷硫酸钠	0.9
聚乙二醇	90
氯化钠	8
氯化铵	8
去离子水	加至 1L

制备方法 将各组分原料混合均匀即可。

产品特性 本品添加进化学镀铜配方中可以保证镀铜质量，使铜层更加牢靠地附着在钢丝表面。

配方 22 铁基置换法镀铜施镀助剂

原料配比

原料	配比/（g/L）
硼酸	5
硫脲	5
甲酸	6
去离子水	加至 1L

制备方法 将各组分溶于水混合均匀即可。

产品应用 在置换镀铜过程中，将本施镀助剂加入由 HCl、H_2SO_4、$CuSO_4 \cdot 5H_2O$ 配成的镀液中，在 $0\sim40℃$ 下进行反应，此时，铁基工件在镀液中置换正反应发生，副反应被抑制，工件表面形成一层致密的铜镀层，铁置换铜反应进行彻底，完成铁基镀铜工艺。

产品特性 采用本品铁置换铜正反应彻底，副反应得到抑制，可使经典的置换法镀铜原理应用于工业生产中，降低镀铜成本，提高镀铜质量，且解决了镀铜工艺污染环境的问题。

配方 **23** 微酸性镀液光亮镀铜用光亮剂

原料配比

原料	配比/(g/L)		
	1#	2#	3#
烟酸	15	20	25
异烟酸	20	15	25
聚乙烯吡咯啉酮	5	8	10
5%的KOH溶液	100（体积份）	100（体积份）	100（体积份）
95%的乙醇	100（体积份）	100（体积份）	100（体积份）
去离子水	加至1L	加至1L	加至1L

制备方法 先称取烟酸、异烟酸、聚乙烯吡咯啉酮，再用KOH溶液将烟酸、异烟酸分别溶解完全，用乙醇将聚乙烯吡咯啉酮溶解完全，然后将所得溶液依次加入容器内，最后向容器内补充去离子水至1L，充分搅拌均匀，即成。

产品应用 使用方法：在电镀液中添加上述光亮剂10mL/L，即可得到光亮的铜镀层。应用于电镀液中镀铜时，可采用硫酸铜、硼酸、邻苯甲酰磺酰亚胺和2-乙基己基硫酸酯钠作为电镀液配方，在电镀液温度为40～50℃，电镀液pH值为4.5～5.5，阴极电流密度为0.2～3.0A/dm² 的条件下，可得到光亮的、结晶致密的、结合力好的铜镀层，此时阴极电流效率在56%～80%之间。

产品特性

（1）本品能扩大高电流密度区的阴极极化和极化度，能提高阴极电流效率。

（2）将本品应用于电镀液中，能使电镀液保持长期稳定，能保证电镀液具有良好的导电性能、分散性能、抗杂质性能、络合能力，保证铜镀层有良好的韧性，可获得柔软性好的、分散性好的、光亮的、结晶致密的、结合力好的铜镀层。

配方 **24** 无氰电镀铜用复合添加剂

原料配比

原料	配比/(g/L)			
	1#	2#	3#	4#
酒石酸氢钾	18.8	—	—	—

原料		配比/(g/L)			
		1#	2#	3#	4#
酒石酸钾钠		—	—	169	—
酒石酸		—	—	—	150
柠檬酸钠		—	77.4	—	—
三乙醇胺		0.05	—	—	—
二乙烯三胺		—	0.02	—	—
六亚甲基四胺		—	—	0.02	—
环氧氯丙烷		—	—	—	0.02
1,4-丁炔二醇		—	—	—	0.02
硫脲		—	0.03	—	—
烯丙基硫脲		—	—	—	0.04
2-硫脲嘧啶		—	—	0.08	—
2-巯基苯并咪唑		—	—	—	0.06
2-乙基己基硫酸钠		—	—	—	0.06
聚乙二醇 6000		—	0.1	—	—
去离子水		加至 1L	加至 1L	加至 1L	加至 1L
pH 调节剂	KOH 溶液	适量	—	—	适量
	NaOH 溶液	—	适量	—	—
	氨水	—	—	适量	—

制备方法 将各组分溶于水并混合均匀，用 pH 调节剂调节 pH 在 9.5～10.5 即可。

产品应用 使用方法如下：

（1）镀件预处理：镀件平整可用 400 目、600 目、1000 目砂纸依次打磨除锈。之后用稀酸溶液酸洗、自来水冲洗、乙醇清洗去除表面有机物，再用去离子水清洗待用。

（2）镀件电镀：将本添加剂按 18～200g/L 比例加入镀液中，将镀件放入电镀槽中，镀件与阳极（紫铜板）的极间距为 4.5～5.5cm，电解液温度为 20～40℃，直流恒压电解的电压为 0.4～1.0V，根据所需镀层厚度决定电镀时间为 0.5～3.0h。

（3）镀件后处理：电镀结束后用温水和常温自来水清洗镀件，然后用吹风机吹干。

产品特性

（1）采用本品的电镀体系稳定，加工工艺简单且加工成本低。

（2）本品制造的电镀铜层与基体的结合力良好，镀层表面平整无枝晶生长，结晶细致光亮。

（3）采用本品的无氰电镀铜体系无毒，环保。

配方 25 无氰镀铜光亮剂

原料配比

原料		配比/(g/L)			
		1#	2#	3#	4#
A组分	5,5-二甲基海因	120	40	120	60
	1,3-二氯-5,5-二甲基乙内酰脲	—	40	—	60
	3-氯-5,5-二甲基乙内酰脲	—	40	—	—
B组分	5,5-二甲基-3-[2-(乙烯基氨基)乙基]咪唑烷-2,4-二酮	90	90	45	45
	1-溴-3-氯-5,5-二甲基-2,4-咪唑啉啶二酮	—	—	45	45
去离子水		加至1L	加至1L	加至1L	加至1L

制备方法

（1）分别用去离子水溶解5,5-二甲基海因和5,5-二甲基-3-[2-(乙烯基氨基)乙基]咪唑烷-2,4-二酮，搅拌至澄清；

（2）将制得的溶液混合均匀，然后用水定容，即制得光亮剂。

产品应用 使用时，按相应的工作浓度将本品加入电镀液中。所述电镀液各组分及浓度配比如下：硫酸铜40～60g/L，柠檬酸盐20～40g/L，光亮剂80～200g/L。

产品特性 本品通过在阴极表面的吸附或者与金属离子的络合效果，让金属离子在阴极结晶还原的电位变负，导致阴极的极化增加，产生晶核的形成速度大于晶粒的成长速度，结晶变细，产生光亮的效果；解决了无氰镀铜电镀液出光速度慢、光亮度低、镀液电流效率不高、镀层柔软性不高的技术问题。本品在较宽的电流密度范围内，可获得好的光亮镀层，镀层延展性能好，内应力低。

配方 26 无氰碱性镀铜光亮剂

原料配比

原料	配比/(g/L)
聚二氨基脲	25

原料	配比/(g/L)
吲哚醋酸	15
乙氧基-2-炔醇醚	125
KOH	5~10
烟酸	2.5
去离子水	加至 1L

制备方法

（1）在容积为 1000mL 的容器中，加入 25g 聚二氨基脲、15g 吲哚醋酸、125g 乙氧基-2-炔醇醚，加入 500~600mL 去离子水，搅拌、溶解。

（2）在另一容积为 250mL 的容器中，加入 100~150mL 去离子水、5~10g KOH；待氢氧化钾溶解完后，趁热加入 2.5g 烟酸；搅拌至烟酸完全溶解后，加入（1）的溶液中；然后补入去离子水至 1000mL，搅拌均匀。

产品应用　本品主要是一种无氰碱性镀铜光亮剂。使用浓度为 8~20mL/L。电镀工艺如下：工件化学除油—热水洗—冷水洗—电化学除油—热水洗—冷水洗—除锈—水洗—无氰碱性光亮镀铜—水洗—烘干。最佳阴极电流密度为 $0.2~3.5A/dm^2$。

产品特性

（1）镀铜层与基体结合力好；

（2）镀液的性能和镀层的性能均能达到采用氰化物镀铜所获得的效果。

配方 27　无氰碱性镀铜溶液中防置换铜添加剂

原料配比

原料	配比/(g/L)
葫芦脲 CB [n]	1
氢氧化钾	20~30
去离子水	加至 1L

制备方法　在一容积为 1000mL 的容器中，加入 500~600mL 的去离子水，加入 20~30g KOH，待 KOH 溶解完后，趁热加入 1g 葫芦脲。待葫芦脲溶解完全后，补加去离子水至 1000mL，搅拌均匀。

原料介绍　葫芦脲属于超分子化学物质。它在强酸性或强碱性介质中都具有良好的稳定性，其两端的多个羰基是优良的阳离子键合位点，对多种金属离子有极强的络合能力。正是由于这种络合能力，使其在用量很少（0.01~0.05mg/L）

的情况下，在镀件表面上吸附生成极薄的膜层，与电极/溶液界面的两方金属都有极强的键合能力，故使铜镀层与钢铁工件产生良好的结合力，这种结合强度与氰化物镀铜相当。

产品应用 使用实例如下。

镀液配方：

原料	配比/(g/L)		
	1#	2#	3#
五水硫酸铜	25	28	30
柠檬酸	75	80	90
丁二酰亚胺	5	8	10
四水酒石酸钾钠	5	3	3
硼酸	25	25	30
氢氧化钾	90	100	110
添加剂	0.025	0.03	0.05
光亮剂	15	12	8
去离子水	加至 1L	加至 1L	加至 1L

电镀工艺如下：工件化学除油—热水洗—冷水洗—电化学除油—热水洗—冷水洗—除锈—水洗—无氰碱性光亮镀铜—水洗—烘干。最佳阴极电流密度为 $0.2 \sim 3.5 A/dm^2$。

产品特性

(1) 镀液稳定、不易浑浊、抗杂质能力强；

(2) 镀上的铜层与基体结合力好；

(3) 镀液的性能和镀层的性能均能达到采用氰化物镀铜所获得的效果。

配方 **28** 印制线路板高分散光亮酸性镀铜添加剂

原料配比

原料		配比/(g/L)	
		1#	2#
聚乙二醇 400		1	1.5
浓硫酸		10（体积份）	20（体积份）
季铵盐	甲基三乙基氯化铵	2.5（体积份）	1.5（体积份）
	苄基三乙基氯化铵	—	1.5（体积份）
甲醛		2（体积份）	—

原料		配比/（g/L）	
		1#	2#
光亮剂	苯基聚二硫丙烷磺酸钠	10（体积份）	10（体积份）
	2-巯基苯并咪唑	—	5（体积份）
去离子水		加至1L	加至1L

制备方法

（1）将浓硫酸缓慢加入部分水中，搅拌后自然降温至室温，即得硫酸水溶液；

（2）将聚乙二醇、季铵盐、光亮剂和甲醛按顺序依次加入（1）所得的溶液中，并搅拌彻底分散，得混合溶液；

（3）将剩余的水加入（2）所得的混合溶液中，即得本品。

产品应用　本品是一种印制线路板高分散光亮酸性镀铜添加剂。使用量为每升酸性光亮镀铜液中15～20mL。

产品特性　本品由于采用了季铵盐类润湿剂以及2-巯基苯并咪唑或苯基聚二硫丙烷磺酸钠一种或两种组合而成的光亮剂，因此改善了传统光亮酸性镀铜添加剂的分散能力和深镀能力，从而彻底满足了印制线路板穿孔电镀的需求。

配方 29　用于太阳能电池前电极电镀铜的负整平剂

原料配比

原料		配比/（g/L）			
		1#	2#	3#	4#
聚硫有机磺酸盐	苯基聚二硫丙烷磺酸钠	0.05	—	—	0.1
	聚二硫丙烷磺酸钠	—	0.09	—	—
	聚二硫二丙烷磺酸钠	—	—	0.02	—
复合表面活性剂	月桂醇聚氧乙烯醚和十二烷基磺酸钠（2:1）混合物	0.8	—	—	—
	辛醇聚氧乙烯醚和十二烷基苯磺酸钠（4:1）混合物	—	1.1	—	—
	聚乙二醇和阴离子聚酰亚胺（1:1）混合物	—	—	1.3	—
	仲醇聚氧乙烯醚和十二烷基磺酸钠（10:1）混合物	—	—	—	0.7
氯离子		0.015	0.019	0.008	0.025

原料		配比/（g/L）			
		1#	2#	3#	4#
偶氮基染料	杂环偶氮染料（直接红）	0.5	—	—	—
	联苯胺偶氮染料（直接黑 38）	—	0.8	—	—
	苯磺酰苯偶氮染料（直接黑 168）	—	—	1	—
	苯磺酰苯胺偶氮染料（直接绿 59）	—	—	—	0.1
去离子水		加至 1L	加至 1L	加至 1L	加至 1L

制备方法 将各组分原料混合均匀即可。

产品应用 本品主要用作太阳能电池前电极电镀铜的负整平剂。在电镀液中的浓度为 5～80mL/L。

产品特性 本品可在种子层的微峰处获得高于种子层两边缘的电流密度，使该处的镀层厚度高于种子层两侧的镀层厚度，实现镀层在不同方向的选择性生长，使太阳电池前电极种子层在垂直方向生长的速率高于水平方向生长速率，在获得良好电学性能电极的同时尽量减少受光面积的增加，减小遮光损失，提升电池整体效率，且镀层性能和镀液性能不低于同类产品，此外还具有工艺简单、环境友好、成本低廉和适用范围广等特点。

配方 30 凹版酸性电镀硬铜添加剂

原料配比

原料		配比（质量份）		
		1#	2#	3#
1# 光亮硬化剂	聚乙烯吡咯烷酮	13	17	20
	聚乙烯亚胺类改性物	15	20	25
	纯水	加至 1000	加至 1000	加至 1000
2# 填平柔韧剂	聚乙二醇	10	10	20
	聚二硫二丙烷磺酸钠	14	20	27
	可溶性铜盐	15	23	30
	盐酸	1	3	5
	纯水	加至 1000	加至 1000	加至 1000

制备方法

（1）1# 光亮硬化剂的生产：

① 首先往搅拌容器内注入 700kg 电导率小于或等于 5μS/cm 的纯水，称取聚

乙烯吡咯烷酮 13～20kg 并加入搅拌容器内，搅拌至完全溶解；

② 称取聚乙烯亚胺类改性物 15～25kg 并加入搅拌容器内，搅拌至完全溶解；

③ 补充纯水到 1000kg，搅拌至少 60min 后过滤分装。

所得的 1♯光亮剂 pH 值为 5.3～7.0，相对密度为 1.02～1.06。

（2）2♯填平柔韧剂的生产：

① 首先往搅拌容器内注入 700kg 电导率小于或等于 5μS/cm 的纯水，称取聚乙二醇 10～20kg 并加入搅拌容器内，搅拌 10min；

② 称取聚二硫二丙烷磺酸钠 14～27kg 并加入搅拌容器内，搅拌至完全溶解；

③ 称取可溶性铜盐 15～30kg 并加入搅拌容器内，搅拌至完全溶解；

④ 称取盐酸 1～5kg 并加入搅拌容器内，搅拌 10min；

⑤ 补充纯水到 1000kg，搅拌至少 60min 后过滤分装。

所得的 2♯填平柔韧剂 pH 值为 2.0～4.4，相对密度为 1.03～1.08。

原料介绍　所述的聚乙二醇为分子量 6000、8000、10000、12000 中的一种或者两种以上组合。

所述可溶性铜盐为硫酸铜、氯化铜中的一种或者两种混合物。

产品应用　本品主要是一种凹版酸性电镀硬铜添加剂。

产品特性

（1）采用本品得到的镀层具有硬度高且均匀、光洁度好、性能柔韧等特点，适合电子雕刻，可避免倒角、二次镀铜问题。

（2）有效存放期长，硬度保质期长，标准消耗量可以达到 6 个月以上的硬度保质期，消耗量提高 30%，则硬度保质期可以达到 12 个月以上。

（3）2♯填平柔韧剂采用特殊铜盐作为染料，避免长时间使用的镀液颜色变为绿色。

配方 **31** 电镀铜添加剂

原料配比

原料	配比（质量份）					
	1♯	2♯	3♯	4♯	5♯	6♯
50%硫酸	5	10	7	5	10	5
硫酸铜	1	5	3	5	1	1
聚二硫二丙烷磺酸钠	1	6	4	6	1	6

原料	配比（质量份）					
	1#	2#	3#	4#	5#	6#
丙烷磺酸吡啶鎓盐	1	6	3	6	1	1
烷基二甲基氯化铵与二氧化硫聚合季铵盐	1	5	2	5	1	3
聚氧环乙烷-聚环氧丙烷单丁醚	80	150	100	150	80	120
PEG	1	1～8	5	8	1	6
纯水	85	85	85	85	85	85

制备方法

（1）加入纯水，开启搅拌。

（2）加入规定量的硫酸，搅拌至完全溶解；搅拌均匀的时间为：液体物料为 20min，固体物料为 30～60min，至槽底无沉淀。

（3）加入规定量的硫酸铜，搅拌至完全溶解。

（4）加入规定量的聚二硫二丙烷磺酸钠，搅拌至完全溶解。

（5）加入规定量的丙烷磺酸吡啶鎓盐，搅拌至完全溶解。

（6）加入规定量的烷基二甲基氯化铵与二氧化硫聚合季铵盐，搅拌至完全溶解。

（7）加入规定量的聚氧环乙烷-聚环氧丙烷单丁醚，搅拌至完全溶解。

（8）加入规定量的 PEG，搅拌至完全溶解。

产品特性

（1）50%硫酸用于提供酸性条件；

（2）加入硫酸铜是利用铜离子杀菌，保持药液纯度；

（3）聚二硫二丙烷磺酸钠为低区光亮剂，能够保证电流密度小时电镀铜层光亮；

（4）丙烷磺酸吡啶鎓盐为湿润剂（控制槽液表面张力）和缓镀剂（控制电镀铜均匀性）；

（5）烷基二甲基氯化铵与二氧化硫聚合季铵盐为湿润剂，用于控制槽液表面张力；

（6）聚氧环乙烷-聚环氧丙烷单丁醚为高区光亮剂，能够保证电流密度大时电镀铜层的光亮；

（7）PEG 为分散剂，能够防止电流密度过于集中而产生烧板现象；

（8）本品能够减少阳极泥，电镀 TP 值高。

配方 **32** 电镀铜填孔整平剂

原料配比

原料		配比（质量份）	
		1#	2#
胺类化合物	乙二胺	20	—
	二乙烯三胺	—	40
缩水甘油醚	乙二醇二缩水甘油醚	86.95	—
	丁二醇二缩水甘油醚	—	118.7
咪唑水溶液	咪唑	12	—
	水	25	—
含氮杂环化合物	2-苯基咪唑	—	29

制备方法 1#电镀铜填孔整平剂：

（1）向装有温度计、搅拌器和回流冷凝管的三颈烧瓶，加入100g水并溶解乙二胺20g，并降温到5～10℃；

（2）向乙二胺溶液中，滴入乙二醇二缩水甘油醚86.95g，在此过程中控制温度在8～10℃；

（3）全部加入后，在8～10℃反应1～2h，充分聚合，得到淡黄色乙二胺-乙二醇二缩水甘油醚的内嵌段反应单体；

（4）向反应体系中加入咪唑水溶液（包括咪唑12g和水25g）；

（5）然后升温到85℃，在此温度下回流反应8～10h；

（6）降温到室温，得到黏稠的黄色嵌段型聚合物，即为1#电镀铜填孔整平剂。

2#电镀铜填孔整平剂：

（1）向装有温度计、搅拌器和回流冷凝管的三颈烧瓶，加入100g水并溶解二乙烯三胺40g，并降温到5～10℃；

（2）向二乙烯三胺溶液中，滴入丁二醇二缩水甘油醚118.7g，在此过程中控制温度在8～10℃；

（3）全部加入后，在8～10℃反应1～2h，充分聚合，得到淡黄色二乙烯三胺-丁二醇二缩水甘油醚的内嵌段反应单体；

（4）向反应体系中加入固体2-苯基咪唑29g，体系呈现黄色浑浊；

（5）然后升温到100℃，当体系温度达到75℃，体系澄清透明，呈棕黄色；

（6）在100℃下回流反应8～10h；

（7）降温到室温，得到黏稠的棕黄色嵌段型聚合物，即为2#电镀铜填孔整平剂。

产品应用 本品主要用于半导体基板或印刷电路板上的通孔或盲孔实现全铜填充。

使用方法：将整平剂，配合湿润剂和加速剂，形成酸铜型电镀填孔添加剂，然后添加到电镀液中。电镀条件：镀液温度为25℃，阴极电流密度为2.0A/dm²，电镀时间为40～50min，空气搅拌。

产品特性

（1）使用带有本品整平剂的镀液在盲孔填孔速度适中，面铜厚度为15～18μm，板面外观良好，利于精细的制作。

（2）盲孔填孔速度适中，不易产生填孔孔隙，有利于电子产品可靠性。

（3）采用本品通盲孔共镀时，通孔拐角无"削肩"现象，有利于电子产品可靠性。

配方 **33** 电镀整平剂

原料配比

原料		配比（质量份）	
		1#	2#
胺类化合物	苯胺	1	—
	咪唑	—	1
环氧化合物	1,4-丁二醇二缩水甘油醚	200	—
	1,5-二环氧己烷	—	10
季铵化试剂	碘甲烷	0.1	—
	苄基氯	—	0.1
去离子水		适量	适量

制备方法 在反应容器中按照上述投料比例加入胺类化合物、环氧化合物和季铵化试剂，再加入适量水，并在室温下搅拌。随之将反应体系升温到75～85℃并聚合8～10h后冷却到室温，得到棕黄色黏稠溶液，即为电镀整平剂。

也可以先加入胺类化合物和环氧化合物，反应一段时间后，再加入季铵化试剂继续进行反应。在反应容器中按照上述投料比例加入胺类化合物和环氧化合物，再加入适量水，并在室温下搅拌。随之将反应体系升温到75～85℃并聚合2.5～3.5h，然后加入季铵化试剂继续反应5.5～6.5h后冷却到室温，得到棕黄色黏稠溶液，即为电镀整平剂。

产品应用 本品主要用于装饰性电镀、通孔电镀、盲孔电镀、通孔填孔、盲孔填孔、细线电镀、凸点电镀等多个电镀技术领域。

电镀溶液配方如下。

原料	配比/(g/L)
整平剂	0.01
光亮剂 SPS	0.005
PEG 4000	0.1
五水硫酸铜	230
硫酸	100
氯离子	0.05
去离子水	加至 1L

电镀方法：将待镀物和电镀溶液相接触，并将待镀物作为阴极来实施电镀。本电镀溶液适合于常用的电镀方法，包括筒镀、挂镀和高速连续镀等。所用阳极可以是可溶性阳极，也可以是不可溶性阳极。通电方式可以是直流电镀、脉冲电镀或相转移脉冲电镀。电镀的目的没有特定限制，主要是可以进行装饰性电镀、通孔电镀、盲孔电镀、通孔填充、盲孔填充、细线电镀、铜柱凸点电镀。

电镀可以在 5～70℃ 的温度范围内进行。而且，适当选择阴极电流密度在 $0.01～100A/dm^2$ 范围内。

使用本品的电镀溶液通过电镀方法能够沉淀金属镀膜，以获得所要求的厚度，例如 $1～100\mu m$ 或更薄。

所述电镀方法的过程中，为了促进物质交换，不断搅拌电镀溶液，可以手动搅拌，或通过空气搅拌（打气），空气进入方式包含底喷和侧喷，或通过泵搅动。

使用本品的电镀溶液和电镀方法可以在任何基底上电镀任何金属。被电镀的基底可以是印刷线路板、集成电路、半导体封装、引线框、内部连线等。

产品特性　本品通过引入季铵化试剂，将分子中的氨基进一步季铵化，得到的电镀整平剂具有良好的抑制和整平能力。将该电镀整平剂搭配金属离子、电解质溶液、卤素离子、抑制剂、光亮剂等，可以实现装饰性电镀和孔内优先电镀，包括但不限于通孔和盲孔的等壁电镀、通孔和盲孔的超等壁电镀，极大地改善了电镀溶液的深镀能力。

配方 **34** 高温高速条件下电镀铜的添加剂

原料配比

原料		配比/(g/L)			
		1#	2#	3#	4#
卤素离子	$CuSO_4 \cdot 5H_2O$	75	75	75	75

续表

原料		配比/(g/L)			
		1#	2#	3#	4#
卤素离子	浓 H_2SO_4	240	240	240	240
	Cl^-	0.06	0.06	0.06	0.06
促进剂	双(3-磺丙基)二硫化二钠（SPS）	0.001	0.001	0.001	0.001
抑制剂	聚乙二醇（PEG）	0.25	0.25	0.5	0.5
对苯二酚		—	0.5	—	—
对苯二酚衍生物		—	—	—	0.5
去离子水		加至1L	加至1L	加至1L	加至1L

制备方法 将各组分原料混合均匀即可。

产品应用 本品主要用作印制电路板、封装基板、集成电路中电沉积过程的高温高速条件下电镀铜的添加剂。电镀方法包括以下步骤：

（1）对阴极镀件进行前处理以去除沾污，包括除油、微蚀、预浸等；

（2）将添加剂加入电镀液中，将阴极镀件置于电镀槽中施镀；

（3）设置施镀条件为：温度为 $30\sim80℃$，优选温度为 $50℃$；电流密度为 $2.5\sim10A/dm^2$，优选电流密度为 $4.5A/dm^2$；

（4）将电镀完成的阴极镀件移出电镀槽，清洗干净并烘干。

所述的阳极为可溶性纯铜阳极或不可溶性阳极，不可溶性阳极包含石墨电极与钛合金电极等。

所述方法可采用搅拌、阴极打气、喷射等方法提高传质效率。

产品特性 本品使用大电流高速电镀，缩短了电镀时间，大大提高了生产效率；本品克服了在高温大电流情况下电镀铜面不光亮、不平整、镀层粗糙、镀层与基底结合力差、通孔和盲孔均镀能力差等的缺点，提高了电镀铜的空时效率。

 配方 35 脉冲电镀光亮剂

原料配比

原料	配比/(g/L)		
	1#	2#	3#
巯基苯并咪唑（M）	1	2	1.5
聚二硫二乙烷磺酸钠（SP）	0.6	1	0.8
酸铜强走位剂（AESS）	1	2	1.5
聚合茜素醇蓝染料（313）	0.1	0.2	0.15

原料	配比/(g/L)		
	1#	2#	3#
聚醚多元醇（PCU-4001）	0.3	0.5	0.4
N,N-二甲基-二硫甲酰胺丙磺酸（DPS）	1	5	3
二乙基丙炔胺盐酸盐	0.2	0.3	0.25
聚乙二醇（PEG8000）	10	20	15
去离子水	加至1L	加至1L	加至1L

制备方法

（1）向容器中加入去离子水和聚乙二醇，搅拌至完全溶解，去离子水的温度为18～30℃；

（2）继续向容器中加入聚二硫二乙烷磺酸钠，搅拌至完全溶解；

（3）继续向容器中加入巯基苯并咪唑，搅拌至完全溶解；

（4）继续向容器中加入酸铜强走位剂，搅拌至完全溶解；

（5）继续向容器中加入聚合茜素醇蓝染料，搅拌至完全溶解；

（6）继续向容器中加入聚醚多元醇，搅拌至完全溶解；

（7）继续向容器中加入 N,N-二甲基-二硫甲酰胺丙磺酸，搅拌至完全溶解；

（8）继续向容器中加入二乙基丙炔胺盐酸盐，搅拌至完全溶解；

（9）最后，向容器中加入去离子水至容器标准刻度定容即得。

产品应用　应用条件：将脉冲电镀光亮剂与硫酸铜、硫酸、氯离子、水等按照一定的比例混合配制成电解溶液，进行电镀操作。操作条件为：脉冲阴极电流密度为 1.5～5.0A/dm² （正），1.5～20A/dm² （负）；脉冲循环时间为 4～100ms（正），0.25～5ms（负）。搅拌方式：空气搅拌、喷淋。摇摆方式：机械摇摆。

产品特性

（1）本品中的巯基苯并咪唑具有良好的光亮性和整平性，与 SP 配合使用效果非常明显。酸铜强走位剂，作为走位剂具有较强的走位分布能力。聚合茜素醇蓝染料具有较强的整平能力，主要作为整平剂。二乙基丙炔胺盐酸盐是电镀常用中间体，使用二乙基丙炔胺盐酸盐得到的镀层细腻饱满。

（2）本品通过利用酸铜强走位剂较强的走位性能、聚合茜素醇蓝染料较强的整平能力、二乙基丙炔胺盐酸盐细腻饱满的镀层优势，提高镀铜光亮剂的整平性、致密性，改善孔壁凹陷部位镀铜层的平整性及镀层结构致密性，以改善孔壁凹陷位置镀铜层折皱问题。

配方 **36** 盲孔全铜电镀用整平剂

原料配比

原料		配比（摩尔比）
中间体	聚乙二醇二缩水甘油醚	1
	溴化氢	2
十二烷基二甲基叔胺		2
碱		适量

制备方法

（1）将聚醚和溴化氢水溶液，放入旋转蒸发仪的烧瓶中，通过水浴加热至40～50℃，反应2～4h，反应后得到中间体；

（2）在反应体系中加入碱，调节pH值至8～10；

（3）在反应体系中接着加入叔胺，旋转搅拌的同时通过水浴加热至60～80℃，反应3～6h；

（4）将反应体系真空旋转蒸发，并将固体的析出物进行干燥，得到的季铵盐即为盲孔全铜电镀用整平剂。

原料介绍 所述聚醚选自聚乙二醇二缩水甘油醚、聚丙二醇二缩水甘油醚、邻甲基苯基缩水甘油醚及其混合物。

所述叔胺选自十二烷基二甲基叔胺、十六烷基二甲基叔胺、十八烷基二甲基叔胺及其混合物。

所述碱选自氨水、氢氧化钠水溶液、氢氧化钾水溶液。

产品应用 本品主要是一种盲孔全铜电镀用整平剂。

电镀液配方如下。

原料		配比（质量份）
基础溶液	五水硫酸铜	100
	硫酸	200
	氯离子	0.06
	去离子水	加至1L
整平剂		30×10^{-6}
加速剂	聚二硫二丙烷基磺酸钠	10×10^{-6}
抑制剂	十三醇聚氧乙烯丙烯醚	600×10^{-6}

电镀液的制备方法：配制以五水硫酸铜和硫酸的混合溶液为主体的基础溶液，在基础溶液中加入得到的季铵盐、作为加速剂的聚二硫二丙烷基磺酸钠以及作为抑制剂的十三醇聚氧乙烯丙烯醚。混合均匀后，得到电镀液。

使用电镀液进行电镀的方法：

（1）首先，提供带有盲孔（直径为 $120\mu m$，介质层厚度为 $80\mu m$）并且孔壁已经做了导电层处理的待电镀填孔覆铜板或者封装基板作为待电镀样品，初始面铜厚度为 $5\mu m$。

（2）接着，待电镀样品经过喷淋、润洗、酸性除油、热水洗两次、冷水洗两次、微蚀、酸浸等常规电镀前处理工艺后，进入电镀过程。具体地，将待电镀样品通过化学沉积让孔内壁沉积一层薄铜，即进行导电处理，便于后续进行电镀。

（3）进行电镀，具体如下：将前处理过的样品放入电镀槽，预先设定整流器的电流输出，采用恒电流电镀模式，电流密度采用 $2\sim4A/dm^2$，调节电流使得电流等于电镀面积乘以电流密度，电镀 23min 后，关闭整流器，取出样品。

（4）最后，对电镀好的样品进行后处理，即冷水洗、抗氧化、冷风吹干、热风吹干。

其中，电镀槽内设有电镀液喷射装置，以保证电镀液交换速率。

产品特性

（1）本品的整平剂，由于其分子结构对称，从而能够吸附在高电流密度区，也可以承载高电流密度，最高可以承载 $4\sim5~A/dm^2$；

（2）在盲孔填孔电镀即将结束时，也即高低电流密度区域差异即将消失时，由于本品的整平剂采用链状分子，相比于环状分子而言，其在溶液中扩散较快，使得本品的整平剂能够尽快地从铜表面脱附，降低铜里面有机杂质含量，从而能够提高电化学沉积效率，减少阴极析氢的发生，实现强的整平作用；

（3）根据本品的盲孔全铜电镀用整平剂，应用于硫酸铜-硫酸体系电镀液，该整平剂和加速剂、抑制剂一起，协同作用实现电镀填孔，能够胜任直径 $100\sim150\mu m$，深度 $75\sim125\mu m$ 盲孔的全铜填充；

（4）此外，通过电镀的方法实现盲孔全铜填充，其工艺制程简单，设备可用垂直挂镀线，垂直或水平连续电镀线；

（5）通过全铜填充，电路板或者封装基板，内部形成铜的骨架，力学性能稳定，同时由于电路板或封装基板内的铜，电路板或封装基板的导热性非常好，所以特别胜任大功率的场合，器件的寿命或耐久性优秀。

配方 **37** 铜电镀液用添加剂

原料配比

原料	配比（质量份）		
	1#	2#	3#
聚二硫二丙烷磺酸钠（SPS）	3	10	4

续表

原料	配比（质量份）		
	1#	2#	3#
聚乙二醇（PEG）	5	15	10
酸铜整平剂 K	2	50	4
去离子水	加至150（体积份）	加至150（体积份）	加至150（体积份）

制备方法 称取聚二硫二丙烷磺酸钠、聚乙二醇和酸铜整平剂 K，用去离子水稀释后至150（体积份）定容，获得添加剂溶液备用。

产品应用 本品主要用作半导体芯片生产工艺中的电子化学品的铜电镀溶液添加剂。

使用方法如下。

原料		配比/(g/L)
基础电镀液	硫酸铜	200
	硫酸	100
	盐酸	70×10^{-6}
	添加剂	150（体积份）
	去离子水	加至1L

将计算量的硫酸铜溶液用去离子水稀释，向其中缓慢加入计算量的硫酸和盐酸，搅拌均匀后加入添加剂，用水定容至1L，得到铜电镀溶液。

产品特性 在不同于以往酸铜整平剂的基础上，本品采用了一种水溶性较好、无色无毒、环境友好的新型酸铜整平剂，这种新型的酸铜整平剂具有聚季铵盐的结构特征，在电镀铜的过程中用作电镀添加剂中的组分，使得在电镀铜得到的铜层上电镀锡银或纯锡时抑制柯肯达尔孔洞的形成，从而提高芯片封装的热、机械和电气可靠性。

配方 **38** 酸性电镀硬铜工艺添加剂

原料配比

原料		配比（质量份）		
		1#	2#	3#
1#光亮硬化剂	聚乙烯吡咯烷酮	5	10	15
	2-巯基苯并噻唑	0.1	0.3	0.5
	十六烷基三甲基溴化铵	1	2	3

原料		配比（质量份）		
		1#	2#	3#
1#光亮硬化剂	三乙醇胺	5	8	10
	纯水	加至1000	加至1000	加至1000
2#填平柔韧剂	丁醇聚氧乙烯聚氧丙烯醚	10	40	60
	聚二硫二丙烷磺酸钠	6	9	12
	N,N-二甲基二硫代甲酰胺磺酸钠	1	3	5
	盐酸	1	3	5
	硫酸铜	0.5	0.8	1
	纯水	加至1000	加至1000	加至1000

制备方法

（1）1#光亮硬化剂的生产：

① 首先往搅拌容器内注入700kg电导率小于或等于10μS/cm的纯水，称取聚乙烯吡咯烷酮5～15kg加入搅拌容器内，搅拌至完全溶解；

② 称取2-巯基苯并噻唑0.1～0.5kg加入搅拌容器内，搅拌至完全溶解；

③ 称取十六烷基三甲基溴化铵1～3kg，加入搅拌容器内，搅拌至完全溶解；

④ 称取三乙醇胺5～10kg加入搅拌容器内，搅拌20min以上；

⑤ 补充纯水到1000kg，搅拌至少60min后过滤分装。

（2）2#填平柔韧剂的生产：

① 首先往搅拌容器内注入700kg电导率小于或等于10μS/cm的纯水，称取丁醇聚氧乙烯聚氧丙烯醚10～60kg加入搅拌容器内，搅拌10min；

② 称取聚二硫二丙烷磺酸钠6～12kg加入搅拌容器内，搅拌至完全溶解；

③ 称取N,N-二甲基二硫代甲酰胺磺酸钠1～5kg加入搅拌容器内，搅拌至完全溶解；

④ 称取盐酸1～5kg加入搅拌容器内，搅拌10min；

⑤ 称取硫酸铜0.5～1kg加入搅拌容器内，搅拌至完全溶解；

⑥ 补充纯水到1000kg，搅拌至少60min，然后过滤分装。

产品应用　使用方法如下：

（1）确定电镀工艺参数，其中电镀液成分包括：硫酸铜190～220g/L、硫酸55～70g/L、氯离子90～120mg/L；

（2）确定电镀工艺条件，电流密度为16～22A/dm^2，温度为38～42℃，槽系数为13.026，版辊转速线速度为0.8～1.2m/s，阴阳极面积比为1：（1.5～2），阴阳极距离为50～80mm，预热时间为5～10s，预镀层厚度为1～1.5μm，预镀层类型以镀镍或碱铜打底；

（3）添加剂加入控制，1♯光亮硬化剂开槽量为 1.5～3mL/L，2♯填平柔韧剂开槽量为 2～4mL/L，添加剂消耗量为 120～150mL/(kA·h)，1♯光亮硬化剂和 2♯填平柔韧剂的添加比例为 1：1，浸入方式为 50%～100%，铜球含磷量为 0.04%～0.06%。

产品特性 本品沉积快速，可实现每 3～5min 10μm 的速度；镀层硬度易控制，硬度 HV 范围为 205～215；兼容性强，可兼容绝大部分种类的添加剂；硬度保质期长，标准消耗量可以达到 6 个月以上的硬度保质期，消耗量提高 30%，则硬度保质期可以达到 12 个月以上；为非染料体系，不会对电镀溶液造成有机污染；工艺控制简单，故障率低；镀铜层填平性良好。

配方 39 无氰碱性亚铜电镀铜络合剂

原料配比

原料		配比（质量份）
组分 A	NaOH	120
	乙醇	适量
	2-甲基-3-羟乙基丙胺	103
	CS$_2$	150（体积份）
	二氯甲烷	适量
	95%甲醇	适量
组分 B	2,4-二羟基苯甲醛肟	100
组分 A		90
组分 B		10
水		适量

制备方法 将组分 A 90 份用等量的水溶解，将组分 B 10 份用 20 份水溶解，然后将得到的 A 和 B 溶液混合均匀即可。

原料介绍 所述的组分 A 为有机胺与二硫化碳或硫脲及其衍生物的反应产物，其合成步骤如下：

向带加热、搅拌、回流冷凝及尾气吸收装置的反应瓶内，加入氢氧化钠和适量乙醇；搅拌至溶解，加入 2-甲基-3-羟乙基丙胺并搅拌均匀，然后升温至 40℃，缓慢加入二硫化碳，加完后保温反应 60min，然后升温至回流或有气体冒出；回流反应 6～7h，反应完毕后，有固体析出，用二氯甲烷进行洗涤，用 95%甲醇进行重结晶，过滤、干燥备用。

所述的组分 B 中羟基苯烷基醛/酮肟可以为羟基苯甲基醛肟、羟基苯乙基酮肟、对羟基苯甲醛肟、2,4-二羟基苯甲醛肟、3,4-二羟基苯甲醛肟、对羟基苯乙酮肟、2,4-二羟基苯乙酮肟和3,4-二羟基苯乙酮肟中的一种或几种的任意组合。

产品特性

（1）本品所述络合剂主要应用于以氯化亚铜、溴化亚铜、碘化亚铜和氧化亚铜为主盐的电镀液中，采用亚铜化合物作为主盐，可以有效地避免一价铜在接触到钢铁基体时发生置换铜反应，同时，因一价铜的电位较低，沉积等量的铜所需的总电量仅为二价铜的一半，更节约能源。

（2）由于亚铜离子无法在镀液中稳定存在，本品所述络合剂在使用时还应与包括还原性物质和氧自由基捕捉剂、稳定剂共同使用，可以有效防止一价铜被氧化，使其稳定地存在于电解液中。

配方 **40** 线路板盲孔填孔电镀添加剂

原料配比

原料		配比（质量份）				
		1#	2#	3#	4#	5#
抑制剂	分子量为2000的聚乙二醇和聚氧乙烯-聚氧丙烯共聚物（1:1）	5（体积份）	—	—	—	—
	分子量为10000的聚乙二醇和聚氧乙烯-聚氧丙烯共聚物（1:1）	—	10（体积份）	—	—	—
	分子量为4000的聚乙二醇和聚氧乙烯-聚氧丙烯共聚物（1:1）	—	—	5（体积份）	10（体积份）	7.5（体积份）
加速剂	聚二硫二丙烷磺酸钠	2	4	4	4	3.5
	3-(苯并噻唑-2-基硫代)丙烷磺酸钠	0.8	1.5	1.5	1.5	1.1
	3-[(5-氨基-1H-苯并咪唑-2-基)硫代]丙烷磺酸钠	0.5	1	1	1	0.8
整平剂	氨基硫醇 / 2-氨基-3,6-二氟苯硫醇	1	1.8	1.8	1.8	1.2
	咪唑硫醇	0.8	1.2	1.2	1.2	1.0
	咪唑硫醇 / 2-氨基-1-甲基-1H-苯并咪唑-5-硫醇	0.5	1.2	1.2	1.2	0.8
	5-氨基-1H-苯并咪唑-7-硫醇	1.5	2.5	2.5	2.5	2.0

制备方法 将抑制剂各组分混合均匀，得到抑制剂。将加速剂各组分混合均

匀，得到加速剂。将整平剂各组分混合均匀，得到整平剂。

原料介绍 所述加速剂选自 N,N-二甲基二硫代甲酰胺丙烷磺酸钠、聚二硫二丙烷磺酸钠、3-(苯并噁唑-2-基硫代)丙烷磺酸钠、3-[(5-氨基-1H-苯并咪唑-2-基)硫代]丙烷磺酸钠、3-(苯并噁唑-2-基硫代)丙烷磺酸钠、3-([(乙基硫代)硫代甲基]硫代)丙烷磺酸钠、3-([乙基[(乙基氨基)硫代甲基]氨基)硫代甲基]硫代)丙烷磺酸钠、1-[5-(1H-咪唑-4-基)戊基]-1-甲基硫脲、2-[4(5)-咪唑基]乙基异硫脲、1-(2-亚乙基)硫脲、N-[(4-氟苯基)甲基]-S-甲基异硫脲、1,3-二乙基硫脲、N,N'-二丁基硫脲、N-甲基-N'-(2,4-二甲基苯基)硫脲中的一种或多种。所述加速剂由聚二硫二丙烷磺酸钠、3-(苯并噁唑-2-基硫代)丙烷磺酸钠、3-[(5-氨基-1H-苯并咪唑-2-基)硫代]丙烷磺酸钠组成，其质量份比例为（2～4）：（0.8～1.5）：（0.5～1）。

所述抑制剂为聚氧乙烯醚类化合物，所述聚氧乙烯醚类化合物选自聚乙二醇、聚氧乙烯醚、聚氧丙烯醚、聚氧乙烯-聚氧丙烯共聚物中的一种或多种。所述抑制剂由聚乙二醇和聚氧乙烯-聚氧丙烯共聚物组成，所述聚乙二醇的重均分子量为 2000～10000。所述聚氧乙烯（PEO）-聚氧丙烯（PPO）共聚物为 PEO-PPO-PEO 嵌段共聚物，所述 PEO-PPO-PEO 嵌段共聚物的数均分子量为 6000～12000。所述 PEO-PPO-PEO 嵌段共聚物中 PEO 嵌段的聚合度为 50～100，所述 PEO-PPO-PEO 嵌段共聚物中 PPO 嵌段的聚合度为 30～60。

所述整平剂为氨基硫醇和咪唑硫醇，其中所述氨基硫醇选自 2-二乙氨基乙硫醇、2-(甲基氨基)乙硫醇、2-[(5-甲基-2-吡嗪基)氨基]乙硫醇、2-二甲基氨基乙硫醇、2-氨基-3-吡啶硫醇、6-氨基-2-萘硫醇、2-(3-氨基丙基氨基)乙二硫醇、2-(3-甲基氨基丙基氨基)乙硫醇、3-(3-甲基氨基丙基氨基)丙烷-1-硫醇二盐酸盐、2-氨基-5-异丙基苯硫醇、2-氨基-3,4-二氟苯硫醇、2-氨基-4,5-二氟苯硫醇、2-氨基苯硫醇、2-氨基-3,6-二氟苯硫醇、3-(二甲基氨基)-1-丙硫醇、5-对甲苯基氨基-[1,3,4]噻二唑-2-硫醇中的一种或多种。所述咪唑硫醇分子链中还含有氨基，更优选的所述咪唑硫醇选自 1-氨基-4-苯基-1H-咪唑-2-硫醇、5-氨基-1H-苯并咪唑-7-硫醇、2-氨基-1-甲基-1H-苯并咪唑-5-硫醇、4-氨基-1H-苯并咪唑-6-硫醇中的一种或多种；进一步优选的，所述咪唑硫醇为 2-氨基-1-甲基-1H-苯并咪唑-5-硫醇和 5-氨基-1H-苯并咪唑-7-硫醇，其重量比为（0.5～1.2）：（1.5～2.5）。

所述氨基硫醇和咪唑硫醇的重量比为（1～1.8）：（0.8～1.2）。

产品应用 电镀液配方如下。

原料	配比/（g/L）				
	1#	2#	3#	4#	5#
五水硫酸铜	220	235	220	225	223

续表

原料		配比/(g/L)				
		1#	2#	3#	4#	5#
硫酸		25	40	32	38	35
氯离子		$40×10^{-6}$	$60×10^{-6}$	$47×10^{-6}$	$52×10^{-6}$	$50×10^{-6}$
加速剂		0.2（体积份）	0.4（体积份）	0.2（体积份）	0.4（体积份）	0.3（体积份）
整平剂		5（体积份）	15（体积份）	7（体积份）	12（体积份）	10（体积份）
抑制剂	分子量为2000的聚乙二醇和聚氧乙烯-聚氧丙烯共聚物（1∶1）	5（体积份）	—	—	—	—
	分子量为10000的聚乙二醇和聚氧乙烯-聚氧丙烯共聚物（1∶1）	—	10（体积份）	—	—	—
	分子量为4000的聚乙二醇和聚氧乙烯-聚氧丙烯共聚物（1∶1）	—	—	5（体积份）	10（体积份）	7.5（体积份）
去离子水		加至1L	加至1L	加至1L	加至1L	加至1L

将所需量的五水硫酸铜加入去离子水中搅拌溶解后，加入所需量的硫酸和氯离子，搅拌均匀，然后加入所需量的加速剂、抑制剂和整平剂，搅拌均匀，定容即得。

产品特性　本品具有很好的电镀效果，平均凹陷值很小，基本上可以与线路板表面平齐，同时又可以保证线路板表面的平均表面铜层厚度不高，而且上述好的电镀效果可以在较低的电镀电流和较短的电镀时间就能达到。本品可以对不同孔径、孔深或介质层厚度的盲孔通孔进行有效的填孔，填孔效果不会出现明显的波动。此外，本品提供的电镀液对盲孔进行电镀填孔之后的稳定性（可靠性）很好，经过应力测试和冷热循环测试后依然可以保持很好的表面平整度和完整性，不会因为存放环境、使用条件等的改变而出现产品性能不佳等情况。

配方 **41** 整平剂

原料配比

原料		配比（质量份）					
		1#	2#	3#	4#	5#	6#
咪唑类化合物	2-苯基咪唑	0.7	—	—	—	—	—
	4-辛基咪唑	—	0.85	—	—	—	—
	2-(4-甲基苯基)咪唑	—	—	2	—	—	—

续表

原料		配比（质量份）					
		1#	2#	3#	4#	5#	6#
咪唑类化合物	2,4-二甲基咪唑	—	—	—	0.45	—	0.45
	4-乙基咪唑	—	—	—	—	2.5	—
叔胺化合物	N,N,N',N'-四甲基-1,6-己二胺	0.3	—	—	—	—	—
	N,N,N',N'-四乙基-1,10-癸二胺	—	0.35	—	—	—	—
	N,N-二甲基-N',N'-二(2-羟丙基)-1,3-丙二胺	—	—	0.1	—	—	—
	N,N,N',N',2-五甲基丙烷-1,3-二胺	—	—	—	0.9	—	—
	N,N-二甲基己胺	—	—	—	—	1	—
	N,N,N',N'-四甲基-3-苯基-1,2-丙二胺	—	—	—	—	—	0.9
环氧化合物	丁二醇二缩水甘油醚	1	—	—	—	—	—
	1,2,7,8-二环氧辛烷	—	1	—	—	—	—
	1,2-丙二醇二缩水甘油醚	—	—	1	—	—	—
	1,10-癸二醇二缩水甘油醚	—	—	—	1	—	1
	1,8-辛二醇二缩水甘油醚	—	—	—	—	1	—

制备方法

（1）将咪唑类化合物、叔胺化合物混合，待咪唑类化合物和叔胺化合物完全溶解后，再加入环氧化合物，并调节 pH 至 4～6；

（2）在 45～55℃的条件下搅拌 40～90min，然后升温至 80～100℃，搅拌 7～15h，停止反应，冷却，调 pH 至 1.8～2.2，得到产品。

产品应用　本品主要用作各种电镀基材，例如印制电路板、集成电路和半导体封装等的电镀液添加剂。

电镀液配方如下。

原料	配比/(g/L)
$CuSO_4 \cdot 5H_2O$	230
硫酸	60
盐酸（按氯离子浓度算）	60mg/L
聚二硫二丙烷磺酸钠（加速剂）	3×10^{-6}
PEG10000（抑制剂）	1
整平剂	20×10^{-6}
去离子水	加至1L

电镀铜工艺参数如下：

（1）操作温度：电镀铜操作温度一般在 10~45℃；

（2）搅拌方式：电镀铜过程中可使用任何合适的搅拌方法包括（但不限于）：槽底部鼓气搅动，侧方喷流，槽底部喷流，工件主动搅动等；

（3）电流密度：电镀铜的电流密度范围为 $0.5 \sim 5A/dm^2$，并且使用可溶性阳极进行电镀，电镀时间为 60min。

产品特性 所述整平剂能使得电镀液在电镀的同时具有通孔和盲孔结构特征电路板的深镀和均镀能力，且本品中的分子带有更多的负电荷，进而使得含有该整平剂的电镀液在电镀过程中，更少地吸附在高电流密度的区域（例如通孔孔口转角处），对铜等的沉积有更小的抑制作用，使铜离子等能更多地在孔口转角处进行沉积，因此改善了使用现有整平剂而产生的通孔孔口转角处镀层偏薄的问题。

配方 **42** PCB 高纵横通孔电镀铜添加剂

原料配比

原料	配比/(g/L)				
	1♯	2♯	3♯	4♯	5♯
五水硫酸铜	80	80	80	80	80
硫酸	200	200	200	200	200
氯离子	50mg/L	50mg/L	50mg/L	50mg/L	50mg/L
光亮剂A	0.005	0.005	0.0075	0.01	0.015
光亮剂B	0.0025	0.0015	0.017.5	0.008	0.01
载运剂A	0.1	0.25	0.8	1.05	1
载运剂B	0.1	0.15	0.4	0.45	1
整平剂A	0.0025	0.0015	0.0175	0.02	0.015
整平剂B	0.0025	0.005	0.0105	0.01	0.015
去离子水	加至1L	加至1L	加至1L	加至1L	加至1L

制备方法

（1）向容器中加入体积 1/2 的去离子水，在搅拌的状态下，按配比加入硫酸，继续搅拌 10min；

（2）冷却后，按配比加入五水硫酸铜，搅拌至其完全溶解；

（3）在搅拌的状态下，按配比加入氯离子、光亮剂 A、光亮剂 B、载运剂 A、载运剂 B、整平剂 A、整平剂 B，完成后继续搅拌 10min；

（4）补充剩余体积的去离子水，搅拌均匀，得到电镀铜溶液。

原料介绍　所述光亮剂 A 为聚二硫二丙烷磺酸钠、硫醇、硫化物、二硫化物以及聚硫化物的混合物，其中光亮剂 A 选自包含以下物质的群组：3-(苯并噻唑基-2-巯基)-丙基磺酸、3-巯基丙-1-磺酸、亚乙基二巯基二丙基磺酸、双-(对磺苯基)-二硫醚、双-(ω-磺丁基)-二硫醚、双-(ω-磺基羟丙基)-二硫醚、双-(ω-磺丙基)-二硫醚。

所述光亮剂 B 为 3-巯基-1-丙磺酸钠、双-(ω-磺丙基)-硫醚、甲基-(ω-磺丙基)-二硫醚、甲基-(ω-磺丙基)-三硫醚、O-乙基-二硫代碳酸-S-(ω-磺丙基) 酯、硫代乙二醇酸、硫代磷酸-O-乙基-双-(ω-磺丙基) 酯、硫代磷酸三 (ω-磺丙基) 酯以及其相应盐。

所述载运剂 A 为分子量为 50000～100000 的聚乙二醇、聚乙烯醇、羧甲基纤维素、聚乙二醇、聚丙二醇、硬脂酸聚乙二醇酯、油酸聚乙二醇酯、硬脂醇聚乙二醇醚、壬基苯酚聚乙二醇醚、辛醇聚烷二醇醚、辛二醇-双-(聚烷二醇醚)。

所述载运剂 B 为聚(乙二醇-ran-丙二醇)无规、聚(乙二醇)-嵌段-聚(丙二醇)-嵌段-聚(乙二醇)、聚(丙二醇)-嵌段-聚(乙二醇)-嵌段-聚(丙二醇)、聚环氧乙烷-聚环氧丙烷聚合物。

所述整平剂 A 为 SH110 噻唑啉基二硫代丙烷磺酸钠，MESS 巯基咪唑丙烷磺酸钠、季铵化聚乙烯咪唑衍生物、二烯丙基-甲基氯化铵化合物、聚乙烯吡咯烷酮和包含乙烯基吡咯烷酮单体的共聚物。

所述整平剂 B 为聚乙烯亚胺烷基化合物 （GISS）、脂肪胺乙氧基磺化物 （AESS）、POSS 酸铜强整平剂、CPSS 酸铜整平剂、碱性黄染料、聚乙烯基吡啶、5-苯基-1H-1,2,4-三唑-3-硫醇以及其他分子唑衍生物。

产品应用　本品是一种印制电路板（PCB）高纵横通孔电镀铜添加剂。

PCB 高纵横通孔电镀铜的方法：将具有通孔的 PCB 放入含有上述电镀铜添加剂的电镀槽中并在空气搅拌下进行电镀，形成电镀层；其中所述电镀电流密度为 2.0A/dm^2，电镀温度为 25℃，电镀时间为 60min，所述高纵横通孔孔径比为 10:1。

产品特性　本品具有很好的均镀能力和分散能力，能提高印制电路板高纵横比，通孔孔内铜层均匀分布，还能有效降低表面铜层厚度与孔中心铜层厚度比，适合高纵横比通孔电镀。而且本品镀液稳定、寿命长；镀铜层致密平整，延展性好，具有良好的光泽、高韧性和低内应力。

配方 **43** 含铜盐的电镀添加剂

原料配比

原料		配比（体积份）	
		1#	2#
铜盐化合物	硫酸铜	33.5	46
络合剂	六偏磷酸钠	20	—
	EDTA	25	—
	氢氟酸	20	—
	甲酸	—	30
	硫脲	—	5
	高氯酸	—	15
助剂	十二烷基硫酸钠	1.4	—
	藏红偶氮苯酚	0.1	—
	聚乙二醇	—	3
	硫酸亚锡	—	1

制备方法 将各组分原料混合均匀即可。

产品应用 电镀添加剂使用时与酸溶液混配，在混配液中的体积占比不低于 2%。酸溶液的可选范围较大，可根据实际生产需要以及商品流通的需要选择酸溶液的混配量。电镀添加剂与酸溶液的混配液中，所述酸溶液的纯酸质量分数不低于 1.5%。

产品特性 所述电镀添加剂无氰化物，方便储运，使用方便；该添加剂与酸溶液混配对钢铁基材有很好的活化和络合能力，可抑制铜-铁的置换反应，解决在不锈钢直接镀铜的技术难题，镀铜层结合力强，工业效率高。

配方 **44** 适用于印制线路板的镀铜添加剂

原料配比

原料		配比/(g/L)								
		1#	2#	3#	4#	5#	6#	7#	8#	9#
光亮剂	聚二硫二丙烷磺酸钠	0.03	0.001	0.025	0.05	0.03	0.03	0.03	0.03	0.03

原料		配比/(g/L)								
		1#	2#	3#	4#	5#	6#	7#	8#	9#
整平剂	聚环氧乙烷聚环氧丙烷单丁醚	0.05	0.05	0.05	0.05	0.001	0.045	0.1	0.05	0.05
湿润剂	聚乙二醇6000	20	20	20	20	20	20	20	0.5	15
	纯水	加至1L	加至1L	加至1L	加至1L	加至1L	加至1L	加至1L	加至1L	加至1L

制备方法 将各组分原料混合均匀即可。

原料介绍 所述光亮剂为聚二硫二丙烷磺酸钠、N,N-二甲基硫代氢基甲酰基丙烷磺酸钠、3-巯基丙烷-1-磺酸钠、巯基苯丙噻唑丙烷磺酸钠中的任意一种或者其组合。

所述整平剂为烷基醚聚乙烯亚胺烷基盐、烷基二甲基氯化铵与二氧化硫共聚的季铵盐、聚环氧乙烷聚环氧丙烷单丁醚中的任意一种或者其组合。

所述湿润剂为聚丙二醇3000、聚乙二醇6000、聚乙二醇8000、聚乙二醇10000中的任意一种或者其组合。

产品应用 本品是一种适用于印制线路板的镀铜添加剂。添加剂在镀液中的浓度为10～50mL/L。

产品特性

(1) 本品中各组分相配合能够有效地提高镀液的分散效果以及镀层沉积速度,平衡了线路板表面与通孔内离子的均匀性,提高了通孔内离子的补充速度,使通孔内更容易镀层,大大提高了镀液的深镀能力,使孔内镀层的厚度与表面镀层的厚度基本保持相同,对纵横比为8(孔径0.20mm、板厚1.6mm)的通孔的深镀能力TP能够达到92.4%,对纵横比为12(孔径0.20mm、板厚2.4mm)的通孔的深镀能力TP能够达到83.3%,对印制线路板电镀的均匀性COV能够达到9.5%。聚二硫二丙烷磺酸钠的光亮性能优异,能够很好地提高镀层的光亮性,同时也能够使镀层具有较好的延展性,有利于提高印制线路板的性能。通过采用聚环氧乙烷聚环氧丙烷单丁醚作为整平剂,能够有效地提高镀层的光滑性和平整性,有利于提高镀层的质量。

(2) 该电镀铜镀液分散效果好,镀层沉积速度快,体系内镀层离子分布均匀,降低了通孔内镀铜的难度,深镀能力强,从而提高了印制线路板的电镀均匀性,并且镀层的光亮性优异且均一,镀层表面平整且无麻点、针孔现象,镀层质量高。镀铜添加剂的浓度控制在10～50mL/L,既能够保证电镀铜镀液的均匀性和深镀能力,又能够避免镀铜添加剂的用量过多而导致电镀铜镀液的稳定性变差,减少了杂质的残留,有利于延长电镀铜镀液的使用寿命。

配方 **45** 用于 PCB 通孔金属加厚的酸性硫酸盐电镀铜组合添加剂

原料配比

原料	配比/(g/L)
载体阻化剂	250
细化剂	0.25
均镀剂	0.75
水	加至 1L

制备方法　将各组分原料混合均匀即可。

原料介绍　所述的载体阻化剂为聚乙二醇十二烷基醚、硬脂醇聚醚、聚乙二醇醚、油醇聚氧乙烯醚、月桂醇聚醚、聚乙烯醇、聚氧乙烯山梨糖醇酐单棕榈酸酯或聚乙二醇硬脂酸酯中一种或多种混合物。

所述的细化剂为硫代乳酸、L-甲硫氨酸、3-巯基丙酸、2-甲基-2-丙亚磺酰胺、β-巯基乙胺、硫代氨基脲、烯丙基硫脲、脒基硫脲、4-羟基苯硫酚、3-甲硫基-1,2,4-三嗪或 2,7-二羟基萘-3,6-二磺酸钠中一种或多种混合物。

所述的均镀剂为叶酸、吡啶二羧酸、3-吡啶磺酸、2-氨基-5-巯基-1,3,4-噻二唑、6-氯-1-羟基苯并三氮唑、甲基橙、碱性红、龙胆紫、罗丹明、次黄嘌呤、6-甲基-2-吡啶腈、1,10-菲咯啉、磺胺吡啶、1-(2-吡啶偶氮)-2-萘酚、十二烷基二甲基胺乙内酯或 1-丁基-3-甲基咪唑四氟硼酸盐中一种或多种混合物。

产品应用　电镀的步骤：

（1）电镀时，取 1mL/L 的浓缩添加剂液加入至低铜高酸的基础液（即酸性硫酸盐电镀铜镀液，其以水为溶剂，含有 60～90g/L 五水硫酸铜、160～240g/L 浓硫酸和 0.04～0.08g/L 氯离子）中。

（2）通孔印制电路板经碱液除油和 5%～10% H_2SO_4 水溶液酸洗活化前处理后用超纯水洗，然后直接置于装有酸性硫酸盐电镀铜镀液的镀槽中，进行通孔电镀铜；完成电镀后，从电镀液中取出阴极，用蒸馏水清洗表面，冷风干燥。所适用的电镀条件为：采用恒电流双阳极电镀的方式，阴极与阳极的距离为 6～25cm，阴极电流密度为 1～3A/dm²，温度为 20～35℃，电镀时间 30～100min；阳极采用磷铜，阴极移动和/或空气搅拌。

产品特性

（1）本品采用多元醚、醇或酯的大分子聚合物为载体阻化剂；该类物质在镀液中为主吸附剂，起降低表面张力和主要阻化作用（孔口阻化），同时是细化剂和均镀剂的共吸附载体，有利于含量较少的细化剂和均镀剂发挥作用。

（2）本品采用特定的含硫化合物作为细化剂，高效促进铜晶核形成，细化铜镀层颗粒，使颗粒致密和镀层光亮。

（3）本品采用新型含氮杂环、季铵盐类物质作为均镀剂；该类物质在高电流密度区与载体阻化剂和细化剂协同强抑制铜离子还原，而在低电流密度区与载体阻化剂和细化剂协同弱抑制铜离子还原，使高低电流密度区镀层厚度均匀。

（4）本品在使用条件范围内，能够有效降低镀液表面张力，细化铜层颗粒，实现 PCB 厚径比高的通孔均匀电镀加厚，分散能力强。

四、镀锡添加剂

配方 **1** 促进化学镀锡青铜合金镀层形成的加速剂

原料配比

原料	配比（质量份）					
	1#	2#	3#	4#	5#	6#
氟化钠	1	0.8	—	—	—	—
氟化氢	—	—	1.2	0.6	—	—
氟化铵	—	—	—	—	1.2	0.6

制备方法 将各组分原料混合均匀即可。

产品应用 本品是一种化学镀锡青铜镀层的加速剂，主要用作胎圈钢丝锡青铜镀层的加速剂。使用实例如下。

电镀液配方：

原料		配比/（g/L）					
		1#	2#	3#	4#	5#	6#
五水硫酸铜		20	20	20	20	20	20
硫酸亚锡		1.02	0.8	1.02	0.8	1.02	0.8
98%浓硫酸		25	25	25	25	25	25
加速剂	氟化钠	1	0.8	—	—	—	—
	氟化氢	—	—	1.2	0.6	—	—
	氟化铵	—	—	—	—	1.2	0.6
去离子水		加至1L	加至1L	加至1L	加至1L	加至1L	加至1L

产品特性

（1）本加速剂加入镀液后，加速了化学镀锡青铜合金镀液中金属阳离子的沉积速度，能够在短时间内形成均匀致密的锡青铜层，从而大幅度提高胎圈钢丝的生产效率；

（2）本品是一种无机化合物，不增加额外的污水处理成本。

配方 2 低温高速镀锡添加剂

原料配比

原料	配比（质量份）		
	1#	2#	3#
70%的甲基磺酸	285.7	428.6	571.4
异丙醇	100	130	150
去离子水	611.3	437.4	273.6
表面活性剂聚乙二醇	3	4	5

制备方法

（1）在搅拌槽中加入水，将配方量的甲基磺酸和异丙醇加入，并进行搅拌，然后加入上述配方量的表面活性剂，并进行搅拌；在搅拌过程中，溶液的温度为 $10\sim30℃$，搅拌时间为 $2\sim4h$。

（2）将搅拌后的溶液，再经过滤精度为 $1\sim10\mu m$ 的滤纸进行过滤，得到低温高速镀锡添加剂。

产品应用 本品主要是一种低温高速镀锡添加剂。使用量为 $60mL/L$。

产品特性 本品工艺简单，反应稳定，生产效率高，配完电镀液就可以进行电镀，且电镀出的制品在空气中不发生氧化，且在空气中长期存放不会长晶须；同时本品的制备工艺也避免了镀锡过程中分解的气体对人体的伤害，达到环保要求。且本添加剂使用方便，可在 $10\sim30℃$ 正常电镀。

配方 3 电镀锡铋合金光亮剂

原料配比

原料		配比（质量份）
A	平平加	$120\sim200$
	尿素	$0.5\sim4$

原料		配比（质量份）
A	氨基磺酸	10～50
	30%氢氧化钠	适量
	亚苄基丙酮	10～40
	苯甲酸钠	30～80
	乙醇	500～800（体积份）
	去离子水	650
B	33%二甲胺溶液	120～200（体积份）
	咪唑	10～20
	环氧氯丙烷	95～100（体积份）
	去离子水	230～250
光亮剂	A	1.5（体积份）
	B	1.5（体积份）
	36%～38%甲醛	1（体积份）

制备方法

（1）将平平加［聚氧乙烯脂肪醇醚，$(R—O—(CH_2CH_2O)_{10～20}—CH_2CH_2OH)$］和尿素在反应器中加热至平平加熔化、尿素溶解；在搅拌下逐渐加入氨基磺酸；随着反应的进行，物料逐渐变稠成为膏状，0.5～1h后即开始变黄并产生泡沫；随后保温1.5～2h，在60～80℃用氢氧化钠中和，中和结束后调 pH＝8～9，可得到近乎白色黏稠状物；将所得黏稠状物与亚苄基丙酮置于一容器中，加热至亚苄基丙酮在其中溶解；然后与溶解于热水和乙醇中的苯甲酸钠混合均匀得到 A。

（2）将33%二甲胺溶液与咪唑加入反应器中，当反应物温度达到55～65℃时，缓慢加入环氧氯丙烷，然后搅拌1～2h，停止搅拌，冷却到室温，放出反应物，加去离子水，得到淡黄色黏稠状物 B。

（3）将 A、B 和浓度为36%～38%的甲醛按体积比混合均匀即得所需电镀锡铋合金光亮剂。

产品应用　本品主要是一种能提高镀层光亮性的电镀锡铋合金光亮剂。可用在光亮镀锡、锡基合金（如 Sn-Pb、Sn-Zn、Sn-Co-Zn）的镀液中。

产品特性　本品可提高镀层的光亮性，根据需要可得到半光亮或全光亮的合金镀层。

配方 4 电镀锡铋合金络合剂

原料配比

原料	配比/(g/L)			
	1#	2#	3#	4#
柠檬酸三钠	120	120	180	150
乙二胺四乙酸二钠	30	60	50	45
硼酸	30	40	45	35
氯化铵	50	80	100	65
去离子水	加至1L	加至1L	加至1L	加至1L

制备方法 将硼酸溶于热水中，然后冷却到室温后溶入柠檬酸三钠、乙二胺四乙酸二钠、氯化铵即得电镀锡铋合金络合剂。

产品应用 本品主要是一种能阻止锡离子水解，提高镀液稳定性的电镀锡铋合金络合剂。

产品特性 本品用于电镀锡铋合金镀液中，与镀液中的锡离子和铋离子形成络合物，阻止锡离子水解，从而提高镀液的稳定性。

配方 5 电镀锡铋合金稳定剂

原料配比

原料	配比/(g/L)		
	1#	2#	3#
聚乙二醇	2	5	8
维生素C	6	2	3
次亚磷酸钠	15	30	10
去离子水	加至1L	加至1L	加至1L

制备方法 将次亚磷酸钠溶于适量水中，在搅拌下加入维生素C；将聚乙二醇溶于适量热水中，然后冷却到室温；在搅拌下把聚乙二醇溶液加到次亚磷酸钠和维生素C的溶液中，加去离子水定容，即得所需电镀锡铋合金稳定剂。

产品特性 本品可以除去或减少溶液中的游离氧，防止 Sn^{2+} 被氧化为 Sn^{4+} 且稳定剂中被氧化的组分如维生素C在阴极上被还原后继续循环使用，从而提高镀液的稳定性。

电镀锡及锡镍合金用添加剂

原料配比

原料	配比/(g/L)			
	3#	4#	5#	6#
甘氨酸	—	—	—	16
柠檬酸	60	—	—	—
丙二酸	8（体积份）	—	—	—
乙二胺四乙酸钠	—	15	—	—
丙氨酸	—	5	—	—
胱氨酸	—	0.2	—	3
酒石酸钠	—	—	10	—
乳酸	—	—	12	—
乙醇酸	—	—	—	8（体积份）
去离子水	加至1L	加至1L	加至1L	加至1L

制备方法 将各组分原料混合均匀即可。

产品特性

（1）镍的含量可以大范围变化，传统镀液得到的合金镀层组分只有很小的一部分，性质和功能也有限，通过加入添加剂就改变了镀层的组分，可以得到不同组成成分的合金，也就是得到不同性质和功能的镀层。

（2）本品主要用于提高改良镀液性质，提高镀液的稳定性，并且实现合金组分的大范围控制，通过这一途径来提高电镀溶液的使用效率，并且扩大了镀层金属的应用范围。

 电镀锡抗变色处理剂

原料配比

原料	配比/(g/L)						
	1#	2#	3#	4#	5#	6#	7#
85%磷酸	5（体积份）	7（体积份）	10（体积份）	5（体积份）	5（体积份）	7（体积份）	10（体积份）
乙二胺四亚甲基膦酸	5	5	5	7	10	7	10
去离子水	加至1L	加至1L	加至1L	加至1L	加至1L	加至1L	加至1L

制备方法 将各组分原料混合均匀即可。pH 为 1.0～3.0。

使用方法，将电镀工件浸泡在抗变色处理剂中一段时间后，将电镀工件取出并用热去离子水清洗工件表面酸性残余物，然后烘干。处理温度为 20～40℃，处理时间为 3～60s。

产品特性 本品采用特殊的螯合缓蚀剂，在电镀锡表面形成一层保护膜，能有效阻止电镀锡层氧化变色，能防止因储存、高温老化、烘烤及回流焊测试而导致的镀锡层变色及流锡；安全环保，配方物质不使用重金属盐及硝酸盐，符合环保要求，产品性能稳定，废液处理也简单方便。本品可防止电镀锡层氧化变色、高温老化，保证产品品质。

配方 8 电镀锡溶液添加剂

原料配比

原料	配比/(g/L)
丙氨酸	5
乙二胺四乙酸钠	20
氯化亚锡	20
胱氨酸	1
焦磷酸钾	25
过氧化氢	5
去离子水	加至 1L

制备方法 将各组分原料混合均匀即可。

产品特性 本品配方合理，使镀锡溶液性能稳定，使用时间长，所生产的产品焊接性好、耐腐蚀，镀层均匀、光洁度高。本品使镀锡溶液稳定性能好，使用效率高。

配方 9 电镀锡溶液用添加剂

原料配比

原料	配比/(g/L)
柠檬酸	50
丙二酸	5

续表

原料	配比/（g/L）
氯化亚锡	30
焦磷酸钾	200
去离子水	加至1L

制备方法 将各组分原料混合均匀即可。

产品特性 本品配方合理，使镀锡溶液性能稳定，使用时间长，电镀后的产品可焊性好、耐腐蚀，镀层均匀、光洁度高。

配方 含稀土电镀锡添加剂

原料配比

原料	配比/（g/L）		
	1#	2#	3#
甲基磺酸亚锡	25	30	55
甲基磺酸	90	100	140
稳定剂	15	18	20
光亮剂	10	12	15
聚丙烯酰胺和聚合氯化铝	15	20	25
稀土添加剂	3	5	8
去离子水	加至1L	加至1L	加至1L

制备方法 将各组分原料混合均匀即可。

原料介绍 所述稳定剂为草酸、柠檬酸、酒石酸中的至少一种。

所述光亮剂由主光剂、辅助光亮剂、载体光亮剂复配而成。

所述主光剂选自亚苄基丙酮、枯茗醛、二苯甲酮、邻氯苯甲醛中的一种。

所述辅助光亮剂选自酚酞、丙烯酸、肉桂酸中的一种。

所述载体光亮剂选自聚氧乙烯醚、聚氧丙烯醚中的一种。

所述聚丙烯酰胺和聚合氯化铝的摩尔比为1∶（1.2～1.8）。

所述稀土添加剂选自三氯化镧、三氯化钕、三氧化二镝、氯化铒中的一种。

产品特性 本品使镀液性质稳定，能够长时间保持清亮不浊；镀层结晶细化、光亮区大、均匀性好，无铅更加环保。

配方 **11** 电镀锡添加剂

原料配比

原料	配比（质量份）				
	1#	2#	3#	4#	5#
非离子表面活性剂	5	3	4	3.4	4.6
β-萘酚聚氧乙烯醚	10	5	7	8.2	9
烷基糖苷	3	1	2	1.3	2.5
硫二甘醇乙基化物	3	1	2	2.8	1.6
邻苯二酚	2	1	1.5	1.9	1.2
去离子水	77	89	83.5	82.4	81.1

制备方法

（1）在容器中加入 30% 的去离子水；

（2）搅拌的情况下，按配比加入非离子表面活性剂，搅拌均匀；

（3）搅拌的情况下，按配比匀速加入 β-萘酚聚氧乙烯醚，继续搅拌 5～10min；

（4）搅拌的情况下，按配比匀速加入烷基糖苷，完成后继续搅拌 5～10min；

（5）搅拌的情况下，按配比匀速加入硫二甘醇乙基化物，继续搅拌 5～10min；

（6）搅拌的情况下，按配比加入邻苯二酚，继续搅拌至完全溶解；

（7）补水至所需量，完成后搅拌均匀。

原料介绍　所述非离子表面活性剂型号为 Triton CF-10。

所述 β-萘酚聚氧乙烯醚型号为 Lugalvan BN012。

所述烷基糖苷型号为 APG。

所述硫二甘醇乙基化物型号为 Lugalvan HS1000。

产品应用　本品主要是一种可在较低温度下取得相似电镀效果的电镀锡添加剂。

使用方法：在锡电镀液中加入 10% 的上述电镀锡添加剂，然后在 20℃ 下进行电镀。

产品特性　本品可以使锡电镀液在 20～25℃ 下的电镀效果达到未添加时 40～50℃ 的电镀效果，这样降低了电镀时的能耗，更加绿色环保。

配方 **12** 电镀锡无铅添加剂

原料配比

原料	配比/（g/L）
柠檬酸钠	100
甘氨酸	10
高半胱氨酸	15
氯化亚锡	30
焦磷酸钾	200
去离子水	加至1L

制备方法 将各组分原料混合均匀即可。

产品特性 本品配方合理，镀锡溶液性能稳定，使用时间长，所生产的产品可焊性好、耐腐蚀，镀层结晶均匀、光洁度高。

配方 **13** 电镀锡用光亮剂

原料配比

原料	配比（质量份）		
	1#	2#	3#
1-苄基吡啶鎓-3-羧酸盐	5	7	10
氯化胆碱	10	12	15
尿素	5	7	10
柠檬酸	3	4	5
硼酸	3	4	5
4-苯基-3-丁烯-2-酮	3	4	5
水	50	55	60

制备方法

（1）将1-苄基吡啶鎓-3-羧酸盐和尿素用适量水配成溶液，混合均匀；

（2）在（1）得到产物中滴加氯化胆碱水溶液，边加边搅拌，控制整个过程的温度要低于15℃；

（3）滴加完毕后，在15℃下搅拌0.5h后，再在0.5h内滴加柠檬酸，同时保持温度低于20℃；

（4）在（3）得到产物中加入硼酸的水溶液，然后升温到40℃，在40～45℃下搅拌1h以上；

（5）在（4）得到产物中加入 4-苯基-3-丁烯-2-酮的水溶液，搅拌 0.5h 以上，保持温度在 65～70℃；

（6）自然冷却至室温，即得碱性电镀锡光亮剂。

产品特性 解决碱性电镀锡镀层光亮的问题，也解决了酸性电镀锡对设备腐蚀严重的问题。

配方 镀锡以及锡合金的光亮剂

原料配比

原料		配比（质量份）		
		1#	2#	3#
A 剂	33％的二甲胺水溶液	300	200	400
	咪唑	30	20	40
	环氧氯丙烷	190	180	200
	三氟化硼乙醚	2	1	3
B 剂	聚乙烯吡咯啉酮	10	5	15
	苯甲酸钠	100	80	120
	去离子水	加至 1000（体积份）	加至 1000（体积份）	加至 1000（体积份）
聚乙二醇	分子量为 12000	20	—	—
	分子量为 8000	—	10	—
	分子量为 6000	—	—	30
A 剂		160	120	200
B 剂		160	120	200
2-巯基噻唑啉		3	2	4
5％的氢氧化钾溶液		150	100	180
去离子水		加至 1000（体积份）	加至 1000（体积份）	加至 1000（体积份）

制备方法

（1）在一容器中加去离子水 200～500g；

（2）加入 10～30g 聚乙二醇，加热，搅拌至完全溶解、透明，冷却；

（3）边搅拌边加入 A 剂 120～200g；

（4）边搅拌边加入 B 剂 120～200g；

（5）称取 2-巯基噻唑啉 2～4g，用质量分数为 5％的氢氧化钾溶液 100～180g 将 2-巯基噻唑啉溶解后加入所述（4）溶液中；

（6）补加去离子水至 1000mL，定容，搅拌均匀，即得镀锡、锡合金的光亮剂。

原料介绍 所述 A 剂为环氧咪唑胺溶液。

所述 B 剂为聚乙烯吡咯啉酮和苯甲酸钠的混合溶液。

所述聚乙二醇的分子量为 6000～12000。

所述 A 剂按如下步骤制备：

（1）依次取 200～400g 质量分数为 33％的二甲胺水溶液、20～40g 咪唑加到反应瓶中；

（2）开动搅拌机，用水浴加热反应瓶；

（3）当反应瓶内温度在 55～65℃时，停止加热，用滴液漏斗滴加 180～200g 的环氧氯丙烷，搅拌状态下，匀速滴加时间大于 60min；

（4）滴加完后，仍保持在 55～65℃下搅拌 20～40min；

（5）将反应瓶内溶液温度升至 85～95℃，用注射器向反应瓶内注入三氟化硼乙醚 1～3g，继续搅拌 45～60min；

（6）停止搅拌和加热，自然冷却至室温，抽出反应生成物，即为 A 剂。

所述 B 剂按如下步骤制备：

（1）称取 5～15g 聚乙烯吡咯啉酮放在一容器中，加入 200～250g 的 55～65℃的去离子水，放在电炉上稍加热，搅拌，直至聚乙烯吡咯啉酮完全溶解，冷却；

（2）在另一容器中放入 80～120g 苯甲酸钠，加入 300～500g、55～65℃的去离子水，加热溶解苯甲酸钠直至完全透明，冷却；

（3）将所述（1）和（2）溶液混合在一起，补加去离子水至 1000mL，定容，搅拌均匀，即为 B 剂。

产品特性 本品不仅抑制镀锡溶液、镀锡合金溶液中 Sn^{2+} 的氧化，对 Sn^{2+} 有良好的稳定作用，还对 Sn^{4+} 有较强的还原作用，可以将溶液中已存在的 Sn^{4+} 有效地还原为 Sn^{2+}；并能对溶液中的悬浮物有凝聚沉淀功能，保证了溶液的长时间透明；还对镀液中有害的有机物有掩蔽作用。加有光亮剂的镀液在镀锡或锡合金的过程中，阴极电流效率稳定，镀液分散均匀，镀层光亮性、均匀性、柔和性好，无锡须产生。

配方 **15** 镀锡层钝化剂

原料配比

原料	配比（质量份）				
	1#	2#	3#	4#	5#
磷酸三钠	50	70	60	55	65

续表

原料	配比（质量份）				
	1#	2#	3#	4#	5#
酒石酸钠	5	2	3.5	4	3
钼酸钠	2	5	3.5	3	4
柠檬酸钠	5	2	3.5	4	3
硫酸钴	5	10	8	7	9
植酸	25	15	20	23	18
草酸	5	10	7	6	8
十八胺	20	10	15	18	13
壬基酚聚氧乙烯醚	2	5	3.4	3	4
吐温-20	7	4	5.8	6	5
三乙醇胺	5	10	8	7	9
2,6-二叔丁基对甲酚	6	2	4	5	3
N,N'-二仲丁基对苯二胺	1	3	2	1.8	2.6

制备方法　将各组分原料混合均匀即可。

产品应用　本品主要是一种镀锡层钝化剂。使用时用水配成1%～1.5%的水溶液并在50℃时进行钝化。

产品特性

（1）将采用本品钝化后的试样和重铬酸盐钝化后的试样进行耐盐雾腐蚀性能测试和抗高温氧化性能测试，经对比发现二者耐盐雾腐蚀性能和抗高温氧化性能相当。其中，耐盐雾腐蚀性能测试条件为35℃，1% NaCl水溶液；抗高温氧化性能测试条件为180℃。

（2）本品配方中各组分产生协同效应，不仅大幅提高镀锡层表面的耐蚀性，而且不含高价铬，不会产生环境污染，不会对人体产生危害。

配方 16　镀锡电镀液抑制晶须添加剂

原料配比

原料	配比/(g/L)
羟基乙磺酸	200
过氧硫酸钾	20
硫酸钯	1
四唑	1
聚乙二醇	5
水	加至1L

制备方法 将各组分原料混合均匀即可。

产品特性 本品配方合理，溶液性能稳定，与镀锡电镀液配合合理，含钯镀层有效抑制晶须生长，所生产的产品焊接性、导电性好。配方合理，溶液性能稳定。

配方 **17** 镀锡防腐剂

原料配比

原料	配比/(g/L)		
	1#	2#	3#
苯酚	23	10	46
丙烯酸	27（体积份）	12（体积份）	50（体积份）
盐酸	25（体积份）	10（体积份）	48（体积份）
双酚 A 聚氧乙烯醚	3（体积份）	4（体积份）	6（体积份）
去离子水	加至 1L	加至 1L	加至 1L

制备方法 将各组分原料混合均匀即可。

产品应用 本品主要是一种镀锡防腐剂。使用温度范围为 25～55℃。

产品特性

（1）本品采用苯酚作为抗氧化剂和丙烯酸作为稳定剂，两者复配使用，能有效地抑制 Sn^{2+} 被氧化为 Sn^{4+}，提高了镀液的稳定性，增加了镀层的防腐能力，提高锡防变色的能力；

（2）本品分散能力和覆盖能力较好，镀层晶粒细致、排列整齐，具有良好的可焊性，能通过两次回流焊接；

（3）镀锡产品能长期保持平整光亮，具有较好的防腐性能。

配方 **18** 镀锡净化剂

原料配比

原料		配比/(g/L)			
		1#	2#	3#	4#
乙二酸四乙酸二钠		1	1	2	1.5
聚丙烯酰胺	分子量为 300 万阴离子型聚丙烯酰胺	10	—	—	—

续表

原料		配比/(g/L)			
		1#	2#	3#	4#
聚丙烯酰胺	分子量为 400 万阳离子型聚丙烯酰胺	—	5	—	—
	分子量为 500 万非离子型聚丙烯酰胺	—	—	1	—
	分子量为 300 万两性离子型聚丙烯酰胺	—	—	—	8
水		加至 1L	加至 1L	加至 1L	加至 1L

制备方法　将各组分原料混合均匀即可。

产品应用　本品主要是一种镀锡净化剂，用于浑浊镀锡液的净化。

使用时，在 1L 浑浊的镀锡液中添加上述净化剂 5～30mL。

产品特性　本品原料易得，成本低廉，操作简单，加入少量的净化剂就可以将浑浊的镀锡液恢复澄清，处理后的镀液清澈见底，净化剂对镀液性能没有任何影响，环境污染小。

配方 **19** 镀锡溶液防止晶须添加剂

原料配比

原料	配比/(g/L)
甲磺酸	200
过氧硫酸钾	20
甲磺酸银	1
5-甲基四唑	2
甲二醇	2
水	加至 1L

制备方法　将各组分原料混合均匀即可。

产品特性　本品配方合理，溶液性能稳定、配制简单，所生产的产品表面光洁度高，镀层表面常温下 2500h 无生长晶须。

配方 **20** 镀锡溶液光亮剂

原料配比

原料	配比/(g/L)
聚氧乙烯脂肪醇醚	200
尿素	2
氨磺酸	10
乙醇	200
甲醇	400
水	加至1L

制备方法 将各组分原料混合均匀即可。

产品特性 本品配方合理，镀锡溶液稳定好，所生产的产品光洁度高。

配方 **21** 镀锡溶液络合剂

原料配比

原料	配比/(g/L)
羟基亚乙基二膦酸	30
柠檬酸三钾	200
硼酸	30
氯化铵	50
去离子水	加至1L

制备方法 将各组分原料混合均匀即可。

产品特性 本品配方合理，可快速络合镀液中的锡铋离子，结合强度高，所生产的产品质量好。

配方 **22** 镀锡溶液添加剂

原料配比

原料	配比/(g/L)
硫酸	100
过氧硫酸	10

续表

原料	配比/(g/L)
硫酸银	2
四唑	1～5
丙二醇	2
水	加至1L

制备方法 将各组分原料混合均匀即可。

产品应用 本品主要用作各种电路板、引线框架等镀层的一种镀锡溶液添加剂。

产品特性 本品配方合理，与镀锡溶液配合稳定性好，所镀的产品镀层均匀、表面光亮，有效防止表面生长晶须，焊接性能与含铅镀层接近，适合各种电路板、引线框架等镀层的需求。本品配方合理，焊接性能好，镀层均匀。

配方 **23** 镀锡溶液稳定剂

原料配比

原料	配比/(g/L)
次亚磷酸钠	15
聚乙二醇	10
维生素C	3
离子水	加至1L

制备方法 将各组分原料混合均匀即可。

产品特性 本品配方合理，加入维生素C后去除了大量的氧离子，使镀锡溶液稳定，所生产的产品质量好。

配方 **24** 镀锡添加剂

原料配比

原料	配比/(g/L)					
	1#	2#	3#	4#	5#	6#
乙氧丙氧基加成物	10	35	15	30	10	18
萘酚乙氧基磺酸	15	30	20	30	15	20
乙基己醇丙氧基化物	45	65	50	60	45	55

原料	配比/(g/L)					
	1♯	2♯	3♯	4♯	5♯	6♯
β-萘酚聚氧乙烯醚	10	30	10	20	10	18
水	加至1L	加至1L	加至1L	加至1L	加至1L	加至1L

制备方法　在可搅拌的器皿中加入水，水的体积以小于0.8L为宜，依次将乙氧丙氧基加成物、萘酚乙氧基磺酸、乙基己醇丙氧基化物、β-萘酚聚氧乙烯醚搅拌均匀，再加入水至1L，搅拌均匀即可。

原料介绍　所述的乙氧丙氧基加成物在本品中作为初级光亮剂使用。

所述的萘酚乙氧基磺酸在本品中作深镀剂使用。

所述的乙基己醇丙氧基化物在本品中作次级光亮剂。

所述的β-萘酚聚氧乙烯醚，属非离子表面活性剂，在本体系中作为光亮剂使用。

产品应用　本品主要是一种易降解、镀层均匀、抗碱性蚀刻、镀层薄的镀锡添加剂。

产品特性

（1）本品配方中使用了β-萘酚聚氧乙烯醚这种表面活性剂，代替了现在一些镀锡液中普遍使用的三基酚聚氧乙烯醚，使得本品所提供的活性剂在自然环境中易于降解。

（2）所镀的镀层均匀、抗碱性蚀刻，镀层薄（3μm厚）；施镀相同表面积的线路板，能节约约一半金属锡的用量。

配方 **25**　镀锡稳定添加剂

原料配比

原料	配比/(g/L)
乙醇酸	10
甘氨酸	15
胱氨酸	5
氯化镍	10
硫酸镍	20
氯化亚锡	20
过氧化氢	5
焦磷酸钠	250
去离子水	加至1L

制备方法 将各组分原料混合均匀即可。

产品特性 本品配方合理，镀锡溶液性能稳定、使用时间长，电镀后的产品得到可焊性好、耐腐蚀的镍锡合金镀层，镀层均匀、表面光亮度高。

配方 26 镀锡锌铜材抛光剂

原料配比

原料	配比（质量份）
邻苯二甲胺亚胺	11
油酸甘油酯	18
聚乙二醇	14
硅酸钠	8
去离子水	75

制备方法 将邻苯二甲胺亚胺、油酸甘油酯、聚乙二醇、硅酸钠依次加入去离子水中，温度为40~55℃，搅拌均匀即可。

产品应用 使用方法为：

（1）将待处理的镀锡锌铜材件表面进行砂纸磨平和喷砂处理；

（2）将处理后的镀锡锌铜材件放入冷却至40~55℃的抛光剂中，放入时间为30~50min；

（3）将镀锡锌铜材件取出，降温清洗后即可。

产品特性 本抛光剂不仅能够有效地去除镀锡锌铜材表面的油污和锈斑，使其表面光泽明亮，而且本品各组分能够有效配合提高镀锡锌铜材件的抗腐蚀性能。制得的抛光剂尤其适用于镀锡锌铜材，抗腐蚀性能强，稳定性好。

配方 27 多功能半白亮镀锡添加剂

原料配比

原料		配比（质量份）			
		1#	2#	3#	4#
水溶性有机溶剂	甲醇	15	—	—	—
	异丙醇	—	8	12	—
	乙醇	—	—	—	10
	二丙二醇甲醚	35	—	33.5	—

原料		配比（质量份）			
		1#	2#	3#	4#
水溶性有机溶剂	二乙二醇丁醚	—	40	—	—
	二乙二醇单正丙醚	—	—	—	35
主光亮剂	甲醛	0.5	—	0.5	—
	2-萘甲醛	—	0.2	—	0.5
分散剂	2-萘酚聚氧乙烯(12)醚	10	—	—	—
	双酚A聚氧乙烯(15)醚	—	12	5	6
	壬基酚聚氧乙烯(10)醚	—	—	8	—
走位剂	曲拉通100	—	—	—	5
防晶须剂	明胶	2.5	1.5	0.5	2
	槲皮素	0.2	—	—	—
	碱性黄	—	0.3	—	—
	桑色素	—	—	—	0.3
低泡润湿剂	异辛醇硫酸钠	0.5	—	—	—
	磺基琥珀酸二丁酯钠盐	—	1	—	—
整平剂	吡啶改性的季铵盐	—	—	0.3	0.5
功能助剂	二乙烯三胺五乙酸	0.1	—	—	—
	乙二胺四乙酸	—	0.1	0.1	0.1
稳定剂	硫酸肼	0.05	—	—	—
	水合肼	—	0.1	—	—
	二氨基二苯甲烷	0.1	0.1	0.1	—
	次磷酸钠	—	—	0.1	—
	对苯二酚	2.5	—	—	3
	间苯二酚	—	2	—	—
	邻苯二酚	—	—	2.5	—
	山梨酸	—	—	—	0.5
	甲磺酸	1	0.8	0.8	0.5
絮凝剂	聚乙烯亚胺	0.05	—	—	—
	聚丙烯酰胺	—	0.05	0.05	0.05
去离子水		32.5	33.85	36.55	36.55

制备方法 将各组分原料混合均匀即可。

原料介绍 所用的主光亮剂是甲醛、苯甲醛、乙二醛、戊二醛、1-萘甲醛、2-萘甲醛、2-羟基-1-萘甲醛、磺基水杨酸、8-羟基喹啉中的一种或多种。

所述的分散剂是聚乙二醇、聚乙二醇单甲醚、聚乙二醇二甲醚、环氧乙烷-环氧丙烷的共聚物、烷基酚聚氧乙烯醚的一种或多种。其中应用最多的是烷基酚聚氧乙烯醚，具体为：双酚 A 聚氧乙烯醚、双酚 F 聚氧乙烯醚、双酚 S 聚氧乙烯醚、2-萘酚聚氧乙烯醚、叔丁基苯酚聚氧乙烯醚、甲酚聚氧乙烯醚等。

所述的稳定剂为水合肼、硫酸肼、酯硫醇、二羟基丙硫醇、二乙酸硫醚、2-硫代乙醇、抗坏血酸、山梨酸钠、葡萄糖、苯酚、甲基苯酚、邻苯二酚、间苯二酚、对苯二酚、2-萘酚、1,2,3-苯三酚、2,2-二羟基-二乙硫醚、硫代苯甲酸、三氯苯、甲磺酸、苯酚磺酸、甲酚磺酸、萘酚硫酸、乙氧基-α-萘酚磺酸、1-氨基-2-萘酚-4-磺酸、二氨基二苯甲烷、次磷酸钠中的至少两种。

所述的不同的稳定剂具有不同的稳定作用，如抗坏血酸主要是防止二价锡离子的化学氧化，而苯酚类则有抑制电化学氧化的作用，因此需将稳定剂复配使用。

所述的整平剂是含有芳香族分子和含有 P 键基团的有机物、某些含氮或氧的杂环化合物以及某些含氮、氧或双键的表面活性剂。具体包括：2-巯基苯并咪唑、吡啶改性高聚合季铵盐、季铵盐化的聚乙烯亚胺中的一种或多种。

所述的走位剂是具有特殊结构的烷基酚醚化合物，具体包括：曲拉通 114、曲拉通 100、罗地亚 Soprophor 7961P、甲酚聚氧乙烯醚中的一种或多种。

所述的低泡润湿剂是：磺基丁二酸酯钠盐（A-BP）、磺基丁二酸二乙酯钠盐（A-MP）、磺化琥珀酸酯钠盐（SP-80）、2-乙基己基硫酸钠（DC-EHS）、十二烷基磺酸钠（SDS）、烷醇基磺酸钠盐（PN）、磺基丙炔醚钠盐（POPS）中一种或多种。

所述的防晶须剂是：明胶、动物胶、醛/胺型光亮剂、槲皮素、桑色素、碱性黄中的一种或多种。晶粒大小对锡须的生长有重要的影响，在热力学上具有较大粒子的镀层比具有小粒子的镀层稳定，并且不易重结晶。

所述的絮凝剂是：非离子型聚丙烯酰胺、阴离子型聚丙烯酰胺、聚丙烯酸钠、聚乙烯亚胺、聚乙烯胺类衍生物、脲-醛聚合物中的一种或多种；絮凝剂的主要作用是将出现的四价锡沉淀去除，以延长镀液的使用周期。

所述的水溶性有机溶剂是小分子醇、醇醚、小分子酮、小分子酯中的至少两种。

所述的小分子醇包括：甲醇、乙醇、异丙醇、2-丁醇、正丁醇、叔丁醇；醇醚溶剂包括：乙二醇、1,2-丙二醇、乙二醇单乙醚、乙二醇单异丙基醚、乙二醇单正丙醚、乙二醇单正丁醚、乙二醇单叔丁醚、丙二醇单甲醚、丙二醇单乙醚、丙二醇单正丙醚、丙二醇单正丁醚、丙二醇甲醚醋酸酯；小分子酮包括：丙酮、2-丁酮、环己酮、乙酰丙酮、二丙酮醇；小分子酯包括：乙酸甲酯、乙酸乙酯、乙酸丙酯、乙酰醋酸甲酯、乳酸乙酯。这些水溶性的有机溶剂可以单独使用，但为了控制添加剂的挥发速度，优选两种及两种以上沸点不同的溶剂配合使用。

所述的功能助剂是防烧焦剂、除杂质添加剂中的一种或多种。

所述的防烧焦剂主要是含芳环及双键的化合物，含氮、硫及氧的有机化合物。防烧焦组分一般应有适宜大小的分子量，分子量太小的组分不具有好的防烧焦效果，防烧焦剂具体包括二苯胺、对苯二胺、间苯二胺、二氨基二苯甲烷。在镀锡过程中，当 Fe^{2+} 的质量浓度超过 10g/L 时，镀液和镀层的性能就会下降。因此需要使用的除杂质添加剂，可以是乙二胺四乙酸、二乙烯三胺五乙酸、三乙四胺六乙酸。

产品应用　本品主要是一种多功能半白亮镀锡添加剂。使用浓度为 2～4mL/L。

产品特性

（1）本品添加剂可同时用于滚镀和挂镀，具有更好的镀液稳定性，低电流区无漏镀，高电流区无烧焦，光亮区域更宽，可使用电镀温度范围更宽。

（2）本品分散能力和覆盖能力好，镀层厚度能达到 $3\mu m$ 以上，晶粒细致（晶粒大小为 $4～8\mu m$）、平滑致密，与基体的结合强度高，具有优良的可焊性和抗氧化性；可使镀液对杂质的容忍能力强，长时间使用无锡泥沉淀产生，因此无需经常换槽，节约成本。

配方 28　光亮镀锡添加剂

原料配比

原料	配比/(g/L)
甘氨酸	50
丙二酸	15
氯化亚锡	20
焦磷酸钾	250
去离子水	加至 1L

制备方法　将各组分原料混合均匀即可。

产品特性　本品配方合理，镀锡溶液性能稳定、使用时间长，所生产的产品可焊性好、耐腐蚀，镀层均匀，表面光亮度高。

配方 29　含镍镀锡稳定添加剂

原料配比

原料	配比/(g/L)
乳酸	15

原料	配比/(g/L)
酒石酸钠	10
氯化镍	15
硫酸镍	10
氯化亚锡	20
焦磷酸钠	200
去离子水	加至1L

制备方法 将各组分原料混合均匀即可。

产品特性 本品配方合理，镀锡溶液性能稳定、使用时间长，电镀后的产品得到可焊性好、耐腐蚀的镍锡合金，镀层均匀，表面光亮度高。

配方 **30** 碱性电镀锡光亮剂

原料配比

原料	配比/(g/L)
异丙醇①	50（体积份）
乙醛	80（体积份）
10%氢氧化钠水溶液	60（体积份）
邻甲苯胺	26（体积份）
异丙醇②	200（体积份）
乙醇	180（体积份）
甲醛	180（体积份）
烟酸	8
β-萘酚	24
烷基酚聚氧乙烯(21)醚	130
甲酸	80（体积份）
4-苯基-3-丁烯-2-酮	3
纯净水	加至1L

制备方法

（1）在低于15℃的温度条件下，将异丙醇①和乙醛混合均匀；

（2）在0.5h内滴加10%的氢氧化钠水溶液，边加边搅拌，控制整个过程的温度要低于15℃；

（3）滴加完毕后，在15℃下搅拌0.5h后，再在0.5h内滴加邻甲苯胺，同时保持温度低于20℃；

（4）加入异丙醇②，然后升温到 60℃，在 60～65℃下搅拌 1.5h 以上；

（5）依次加入乙醇、甲醛、烟酸、β-萘酚、烷基酚聚氧乙烯（21）醚，搅拌 0.5h 以上，保持温度 60～65℃；

（6）在 0.5h 内滴加甲酸，升温到 70℃，在 70～75℃下搅拌 2h 以上；

（7）加入 4-苯基-3-丁烯-2-酮，在 70～75℃下搅拌 0.5h 以上；

（8）自然冷却至室温，加入纯净水至体积为 1L，即得碱性电镀锡光亮剂。

产品特性 本品解决碱性电镀锡光亮度低的问题，能有效地提高碱性电镀锡光亮程度。

配方 **31** 耐高温光亮镀锡光亮剂

原料配比

原料		配比/（g/L）		
		1#	2#	3#
乳化酮混合液	亚苄基丙酮	20	25	23
	肉桂酸	20	25	23
	聚乙二醇辛基苯基醚-10	100	125	110
	聚乙二醇辛基苯基醚-21	100	125	120
	苯甲酸钠	35	50	40
	对氨基苯磺酸	8	12	10
	去离子水	加至 1L	加至 1L	加至 1L
丁二酰亚胺溶液	丁二酰亚胺	150	200	160
	水	加至 1.4L	加至 1.4L	加至 1.4L
3-(苯并噻唑-2-巯基)-丙烷磺酸钠溶液	3-(苯并噻唑-2-巯基)-丙烷磺酸钠	20	25	23
	水	加至 1L	加至 1L	加至 1L
2-乙基己基硫酸酯钠盐溶液	2-乙基己基硫酸酯钠盐	35	40	38
	去离子水	加至 1L	加至 1L	加至 1L
光亮剂	乳化酮混合液	3	4	5
	丁二酰亚胺溶液	7	7.5	5
	3-(苯并噻唑-2-巯基)-丙烷磺酸钠溶液	2	1.5	2.5
	2-乙基己基硫酸酯钠盐溶液	3	2.5	3.5

制备方法 将各组分原料混合均匀即可。

所述的乳化酮混合液由下述方法制备：

（1）称取 20～25g 亚苄基丙酮，20～25g 肉桂酸于一容器中，加入 100～

125g 聚乙二醇辛基苯基醚-10，100～125g 聚乙二醇辛基苯基醚-21，边加热边搅拌直至其完全溶解，然后冷却至室温；

（2）在另一容器中置入 400mL 去离子水，加入 35～50g 苯甲酸钠，加热溶解至透明；

（3）在另一容器中置入 150mL 去离子水，加入 8～12g 的对氨基苯磺酸，加热溶解至透明；

（4）将上述（1）、（2）、（3）得到的三种溶液混合在一起，加去离子水至 1L，搅匀即成乳化酮混合液。

所述的丁二酰亚胺溶液由下述方法制备：将 150～200g 丁二酰亚胺置入 1L 去离子水中，加热溶解至透明，用水补至 1.4L。

所述的 3-(苯并噻唑-2-巯基)-丙烷磺酸钠溶液由下述方法制备：称取 20～25g 3-(苯并噻唑-2-巯基)-丙烷磺酸钠溶入 800mL 的去离子水中，加热，溶解至透明，用水补至 1L。

所述的 2-乙基己基硫酸酯钠盐溶液由下述方法制备：称取 35～40g 的 2-乙基己基硫酸酯钠盐，加到 800mL 去离子水中，搅拌溶解完全，补充去离子水至 1L。

产品应用　采用本品的光亮剂可以制备一种耐高温光亮镀锡液，其配方如下：$SnSO_4$ 30～60g/L、H_2SO_4 70～100mL/L、稳定剂 20～35mL/L、光亮剂 20～30mL/L。

产品特性　本品在酸性光亮镀锡液中具有良好的消泡作用，在电沉积过程中使溶液产生的泡沫显著地减少，甚至消失。此外添加本品的镀锡液可以耐高温，操作温度可以达到 45℃，它可以使镀锡层外观光亮。

配方 32　耐高温光亮镀锡稳定剂

原料配比

原料		配比/(g/L)			
		1#	2#	3#	4#
硫酸铝钾		15	20	30	15
钨酸钠		10	15	20	15
聚乙烯醇	分子量为1200	3	4	—	—
	分子量为20000	—	—	10	5
抗氧化剂	抗坏血酸	7.5	—	—	—
	葡萄糖	—	6	—	—
	多聚糖	—	—	15	5
水		加至1L	加至1L	加至1L	加至1L

制备方法

（1）称取硫酸铝钾、钨酸钠，加入 600mL 的水中，加热溶解，得到硫酸铝钾和钨酸钠混合溶液；

（2）称取聚乙烯醇加入上述混合溶液中，搅拌溶解；

（3）加入抗氧化剂到上述溶液中，搅拌，溶解，加水补充至 1L，即成。

产品特性 本稳定剂对抑制 Sn^{2+} 的氧化，稳定镀液有非常明显的效果。没有添加稳定剂的溶液，静置 5～7 天，就出现浑浊现象；而加入了稳定剂的溶液则在 3～4 个星期后才出现浑浊。实际操作生产时，只需及时补加稳定剂，就可保持镀液长期的稳定、透明。它不仅能抑制 Sn^{2+} 的氧化，对 Sn^{2+} 有良好的稳定作用，还对 Sn^{4+} 有较强的还原作用，可以将溶液中已存在的 Sn^{4+} 有效地还原为 Sn^{2+}；并能对溶液中的悬浮物有凝聚沉淀功能，保证了溶液的长时间透明。

配方 **33** 热镀锡抗氧化添加剂

原料配比

原料	配比（质量份）			
	1♯	2♯	3♯	4♯
锡锭	98.5	99	95	97
金属铪颗粒	1.5	1	5	3

制备方法

（1）将配方量的锡锭装入石墨坩埚并加热熔化，待锡液达 300～500℃ 时，将配方量的金属铪颗粒用锡箔包好并压入锡液中，随后在锡液表面铺满厚度为 9.5～11cm 的木炭，木炭颗粒大小为 0.9～1.2cm；

（2）将锡液加热至 1500～1600℃ 并保温 15～20min，保温结束后冷却至 680～720℃ 出炉浇铸，将合金浇铸成块状或颗粒状，得到热镀锡抗氧化添加剂。

产品应用 本品可应用于热镀锡、锡工艺品制备或锡钎料制备中，尤其是应用于铜线/带热镀锡工艺中时效果显著。

产品特性

（1）该添加剂能够大幅增强锡液的抗氧化能力，同时有效地改善镀层的润湿性，提高镀件的表面质量。铪是一种熔点很高，高温性能突出的金属，同时也是活性较强的金属，将其引入液态锡金属中，可以给液态金属营造抗氧化气氛，减少液体金属的氧化烧损。铪与氧相结合可以生成致密的氧化铪，并浮于锡液表面，使熔体与空气隔绝，从而避免锡液被氧化。另外，微量的铪元素可与锡液均匀结合，降低锡合金的熔点，增加锡液的流动性，并在热镀锡结束后对镀件持续发生抗氧化保护作用；同时能够改善镀锡层的润湿性能，使锡液在铜线等镀件表面均匀平整地铺展开，有效地消除了针眼、漏镀等情况。此外，在不影响其他力学性能的前提下，微量铪元素的加入还能够使镀锡层的强度和抗腐蚀性能有所提高。

（2）本品生产的镀锡铜包钢线产品表面光滑，镀层表面光亮均匀，润湿性能优异。

（3）本品得到的镀锡黄铜带产品经过 24h 盐雾腐蚀后，其表面仍然如镜面般明亮、光滑，且没有缺陷生成，具有优异的抗腐蚀性能和良好的表面质量。

配方 **34** 铜包铝镁合金镀锡用助化剂

原料配比

原料	配比（质量份）
氧化锌	1.68
盐酸	10.08
三乙醇胺	0.84
乙二醇	0.84
硫酸铜	1.68
氢氧化钠	0～0.84
无氧水溶液	84.03

制备方法 将各组分原料混合均匀即可。

产品特性 在对铜包铝镁合金进行镀锡前，在铜包铝镁合金表面用此助化剂对表面进行清洗，能够有效地使镀的锡层更加牢固和提高铜包铝镁合金表面的活性。

配方 **35** 铜合金热浸镀锡复合助镀剂

原料配比

原料		配比（质量份）			
		1#	2#	3#	4#
无机盐	氯化锌	5	10	10	15
	氯化钾	2	5	—	—
	氯化铵	3	—	—	5

续表

原料		配比（质量份）			
		1#	2#	3#	4#
有机酸	水杨酸	3	3	—	—
	硬脂酸	2	2	10	15
	乳酸	—	4	5	—
	苹果酸	—	1	—	—
非离子表面活性剂	高碳脂肪醇聚氧乙烯醚	0.5	1	—	2
	脂肪醇聚氧乙烯酯	—	0.5	3	1
稀土化合物	氯化钇	1	1	1	3
	氯化钕	—	1	1	2
	氯化钪	—	—	1	—
溶剂	去离子水	加至100	—	—	—
	乙醇	—	加至100	加至100	加至100

制备方法

（1）在助镀槽中添加 1/3 质量的溶剂；

（2）将 10％～20％的无机盐溶于溶剂中，搅拌均匀；

（3）于溶剂中缓慢加入 5％～15％的有机酸，搅拌均匀；

（4）于溶剂中加入 0.5％～3％的非离子表面活性剂以及 1％～5％稀土化合物，均匀混合；

（5）在助镀槽中添加余下的 2/3 质量的溶剂，最终得到复合助镀剂。

产品应用　本品主要是一种针对表面钝化处理后铜合金板带的热浸镀锡助镀剂。

产品特性　本品能够发挥各组分的作用，高效去除铜带表面氧化物以及 Cu-BTA 钝化膜，同时利用稀土元素的高活性与吸附性，显著降低铜带表面张力，有效提高熔融锡液与铜带表面的润湿性，从而使得铜带经过镀锡后便能获得较为均匀致密的镀锡层，提高了镀锡铜带的质量稳定性。

配方 36　铜基镀锡耐高温保护剂

原料配比

原料	配比/(g/L)			
	1#	2#	3#	4#
有机膦酸	20	30	50	80
磷酸	50	60	70	100

续表

原料	配比/(g/L)			
	1#	2#	3#	4#
1-羟乙基-2-椰油基咪唑啉	0.2	0.05	0.1	0.2
油酰二乙醇胺	0.2	0.2	0.2	0.2
烷基酚聚氧乙烯醚	0.1	0.05	0.05	0.05
氢氟酸	0.05	0.05	0.1	0.1
乙酸	0.2	0.5	1	2
去离子水	加至 1L	加至 1L	加至 1L	加至 1L

制备方法 将各组分原料混合均匀即可。

产品应用 使用方法：铜基镀锡耐高温保护剂的使用温度为 20～70℃，浸泡时间为 30～300s。

在电镀工序中，加入该保护剂，工艺过程为：除油—水洗—去氧化—水洗—预浸锡—镀锡—水洗—保护剂—水洗—烘干，从而解决熔锡、变色、焊接不良等异常。

产品特性 本品操作方便、成本低廉，能够明显提高锡抗高温氧化性能，提高焊锡性能。

配方 **37** 锡镍合金电镀锡添加剂

原料配比

原料	配比/(g/L)
苹果酸	15
甘氨酸	10
甲硫氨酸	20
氯化亚锡	20
焦磷酸钠	25
水	加至 1L

制备方法 将各组分原料混合均匀即可。

产品特性 本品配方合理，镀锡溶液性能稳定、使用时间长，所生产的产品可焊性好、耐腐蚀，镀层结晶均匀、光洁度高。

配方 **38** 用于电镀锡板的钝化剂

原料配比

原料	配比（质量份）				
	1#	2#	3#	4#	5#
磷酸三钠	50	70	55	65	61
植酸	25	18	20	15	23
十八胺	20	10	20	17	12
2,6-二叔丁基对甲酚	5	2	5	3	4

制备方法 将各组分原料混合均匀即可。

产品应用 在电镀锡板钝化过程中，以水作为溶剂，钝化剂浓度范围维持在 1.0%～1.5%。

产品特性

（1）本品配方生产的无铬钝化剂，属于环保产品，耐蚀性能优良；

（2）本品无强烈刺激性气味，不含铬，健康环保；

（3）本品具有优良的防锈性；

（4）本品性能稳定。

配方 **39** 用于锡电镀液的光亮整平剂

原料配比

原料		配比（质量份）			
		1#	2#	3#	4#
溶剂	水	75	77	78	77
	二甘醇	7	—	—	—
	异丙醇	—	8	—	—
	乙二醇	—	—	8.5	—
	丙三醇	—	—	—	10
醛类化合物	苯甲醛	1	—	—	—
	茴香醛	—	0.5	—	—
	戊二醛	—	—	0.8	—
	萘甲醛	—	—	—	2
酚类化合物	2,6-二叔丁基对甲酚	1	—	0.7	—
	双酚 A	—	0.5	—	1
烷基酚聚氧乙烯醚		16	14	12	10

制备方法 先将主、辅光亮剂按比例溶于醇中，同时按比例把表面活性剂溶于水中，然后将水溶液与醇溶液按比例混合即得光亮整平剂。

原料介绍 所述的溶剂为水和水溶性醇，醇可以是甲醇、乙醇、丙醇、异丙醇、乙二醇、丙三醇、二甘醇、仲丁醇、聚乙二醇等中的一种或一种以上。

所述的主光亮剂为醛类化合物，醛类化合物可以是甲醛、乙醛、苯甲醛、萘甲醛、茴香醛、戊二醛。

所述的辅光亮剂为酚类化合物，酚类化合物可以是对二苯酚、2,6-二叔丁基对甲酚、双酚A等。

所述的表面活性剂为烷基酚聚氧乙烯醚。

产品特性 采用本光亮整平剂，长时间电镀后，镀层致密、均匀，结合力强。

配方 40 用于热浸镀锡的稀土助镀剂

原料配比

原料		配比/（g/L）		
		1#	2#	3#
36%的盐酸溶液		100（体积份）	120（体积份）	170（体积份）
无机盐	氯化锌	56	70	105
	氯化铵	24	30	45
有机酸	乳酸	100	—	—
	水杨酸	—	50	—
	硬脂酸	—	—	50
乙醇		—	400（体积份）	400（体积份）
有机胺盐	盐酸苯胺	20	20	20
稀土化合物	氯化铈	2		
	氯化镧		6	
	氯化钇			4
溶剂	乙醇	加至1L		
	去离子水	—	加至1L	加至1L

制备方法

（1）用盐酸溶液溶解无机盐，搅拌均匀后得到A液；

（2）用400~600mL的醇类溶剂溶解有机酸、有机铵盐和稀土化合物，搅拌均匀后得到B液；

（3）将A液倒入B液中，加去离子水或醇类溶剂定容至1L后搅拌均匀。

产品应用 本品主要用作铜线、铜包覆金属复合线材（铜包钢线、铜包铝线等）热浸镀锡的稀土助镀剂。

产品特性

（1）本品利用稀土化合物改性，强化了去除铜表面氧化膜的作用，显著提高了锡液对铜表面的润湿铺展及吸附的能力，有效地增加了一次镀锡层的厚度，提高了铜或铜复合线材的可焊性和耐腐蚀性能。

（2）本品各个组分不仅能以不同的方式去除氧化物，还可以相互增强除膜作用；降低锡液与铜的表面张力，促使锡对铜表面的吸附。

（3）本品将无机和有机助镀剂组合使用，既有很高的活性和热稳定性，很强的去除铜基体氧化膜的能力及铜基对锡吸附与浸润能力，又大大降低了助镀剂的腐蚀性，属环境友好型。

（4）使用本品的含稀土助镀剂得到的热浸镀锡层结晶致密、光滑平整、色泽均匀，可焊性和抗氧化性优异。

配方 **41** 超高速纯锡电镀添加剂

原料配比

原料	配比（质量份）					
	1#	2#	3#	4#	5#	6#
非离子表面活性剂	3	4	5	3	4	5
β-萘酚聚氧乙烯醚	5	10	7	8	6	9
烷基糖苷	1	1.5	2	2.5	1	3
萘酚磺酸	0.1	0.1	0.2	0.2	0.3	0.3
EO-PO 共聚物	0.5	0.6	0.7	0.8	0.9	1
邻苯二酚	1	1.1	1.3	1.5	1.7	2
去离子水	加至 100	加至 100	加至 100	加至 100	加至 100	加至 100

制备方法

（1）按比例加入 30% 的去离子水；

（2）搅拌的情况下，按配比加入非离子表面活性剂，搅拌均匀；

（3）搅拌的情况下，按配比匀速加入 β-萘酚聚氧乙烯醚，继续搅拌 5～10min；

（4）搅拌的情况下，按配比匀速加入烷基糖苷，完成后继续搅拌 5～10min；

（5）搅拌的情况下，按配比匀速加入萘酚磺酸，继续搅拌 5～10min；

（6）搅拌的情况下，按配比匀速加入 EO-PO 共聚物，继续搅拌 5～10min；

（7）搅拌的情况下，按配比加入邻苯二酚，继续搅拌至完全溶解；

（8）补水至所需量，完成后搅拌均匀。

原料介绍　所述非离子表面活性剂为 OP-10。

所述 EO-PO 共聚物为 L-64。

所述 β-萘酚聚氧乙烯醚为 Lugalvan BN012。

产品应用　本品是一种去胶效果好且对底材攻击较小的超高速纯锡电镀添加剂。

产品特性　本品能使电镀锡的电流密度提高到 $40A/dm^2$ 而不出现烧焦现象，大大提升了电镀效率，而且抗氧化性好，容易降解，更加环保。

配方 **42** 电镀锡添加剂

原料配比

原料	配比（质量份）					
	1#	2#	3#	4#	5#	6#
萘酚乙氧基丙氧基加成物	0.2	5	0.2	5	3	0.4
乙基乙醇环氧乙烷加成物	0.2	2.8	2.8	0.2	1	1.6
萘酚乙氧基磺酸	0.1	3.2	3.2	0.1	2.1	1.8
聚乙二醇（1000～10000）	1	6.5	6.5	1	3.5	4.2
间苯二酚	0.02	0.5	0.5	0.02	0.2	0.15
羟基丙磺酸聚合物	0.02	0.5	0.5	0.02	0.3	0.32
去离子水	350	350	350	350	350	350

制备方法

（1）加入去离子水，开启设备搅拌；

（2）加入规定量的聚乙二醇（1000～10000），搅拌至完全溶解；

（3）加入规定量的萘酚乙氧基丙氧基加成物，搅拌均匀；

（4）加入规定量的乙基乙醇环氧乙烷加成物，搅拌均匀；

（5）加入规定量的萘酚乙氧基磺酸，搅拌均匀；

（6）加入规定量的间苯二酚，搅拌均匀；

（7）加入规定量的羟基丙磺酸聚合物，搅拌均匀。

产品特性　本品与传统的镀锡添加剂相比，增加抗氧化成分，抗氧化效果好，能够阻碍四价锡生成，延长槽液寿命，适合 VCP 生产。

配方 43 镀层性能优异的电镀锡添加剂

原料配比

原料		配比/(g/L)				
		1#	2#	3#	4#	5#
萘酚乙氧基磺酸		0.2	0.3	0.4	0.5	0.55
二苯乙烯基甲酮		0.05	0.1	0.15	0.18	0.2
烯丙基磺酸钠		0.09	0.1	0.2	0.3	0.35
葡萄糖		0.07	0.09	0.12	0.15	0.15
稳定剂	柠檬酸	4	2	—	3	3
	草酸	—	3	4	—	3
	山梨酸钠	—	—	1.5	2	1
分散剂	聚氧乙烯脂肪醇醚	0.25	0.5	0.6	1	1
	聚乙二醇	0.25	0.3	0.6	0.65	1
去离子水		加至1L	加至1L	加至1L	加至1L	加至1L

制备方法

（1）量取配方量的萘酚乙氧基磺酸、烯丙基磺酸钠、葡萄糖及去离子水进行混合，得到混合物A；混合条件为在室温下搅拌10～15min，搅拌转速为50～100r/min。

（2）量取配方量的稳定剂、分散剂及二苯乙烯基甲酮进行混合，得到混合物B；混合条件为在30～35℃下搅拌10～15min，搅拌转速为20～70r/min，再降温到室温。

（3）将（2）中的混合物B加入（1）中的混合物A中，抽气4～5min后，继续在惰性气体下搅拌20～25min，得到电镀添加剂。

原料介绍 所述的惰性气体为氩气或氮气。

产品特性 本电镀锡添加剂适用于电镀锡工艺，在光亮体系中加入二苯乙烯基甲酮和葡萄糖，能获得光亮、均匀的电镀锡层，且所获得的电镀锡层有机杂质含量少，使电镀锡层的性能更好。

配方 **44** 镀层均匀光亮的电镀锡添加剂

原料配比

原料	配比/(g/L)		
	1#	2#	3#
柠檬酸	152	155	160
丙二酸	16	18	20
氯化亚锡	52	55	60
焦磷酸钾	310	330	350
去离子水	加至 1L	加至 1L	加至 1L

制备方法 将各组分原料混合均匀即可。

产品应用 本品是一种电镀锡添加剂。

产品特性 本品配方合理，镀锡溶液性能稳定、使用时间长，电镀后的产品可焊性好、耐腐蚀，镀层表面光洁度好、均匀、结合强度高，镀锡溶液稳定性高、不易浑浊且使用时间长。

配方 **45** 抗氧化性能优异的电镀锡添加剂

原料配比

原料		配比/(g/L)							
		1#	2#	3#	4#	5#	6#	7#	8#
1-苯基-2-戊酮		4	8	10	15	0.2	20	3	15
1-(3,4-二羟基苯基)-1-戊酮		5	2	10	6	10	0.2	1	15
萘酚乙氧基磺酸		5	8	2	4	20	0.2	15	1
间苯二酚		5	10	2	4	1	20	15	5
抗氧化剂	甲基异丁基酮	15	10	12	20	1	20	5	10
光亮剂	苯亚甲基丙酮	10	25	10	12	30	1	5	28
水	去离子水	加至 1L	加至 1L	加至 1L	加至 1L	加至 1L	加至 1L	加至 1L	加至 1L

制备方法

（1）在容器中加入水；

（2）在搅拌的情况下，按比例加入 1-苯基-2-戊酮，至完全溶解；

（3）在搅拌的情况下，按比例加入抗氧化剂，至完全溶解；

（4）在搅拌的情况下，按比例加入 1-(3,4-二羟基苯基)-1-戊酮，至完全溶解；

（5）在搅拌的情况下，按比例加入光亮剂，至完全溶解；

（6）在搅拌的情况下，按比例加入萘酚乙氧基磺酸，至完全溶解；

（7）在搅拌的情况下，按比例加入间苯二酚，至完全溶解；

（8）补水至所需量，完成后搅拌均匀。

产品应用　使用方法：在锡电镀液中加入 10％的上述电镀锡添加剂，然后在 25℃下进行电镀。

产品特性

（1）本电镀锡添加剂能有效减少电镀过程中气泡的产生，从而减少氧气的溶解；

（2）本电镀锡添加剂抗氧化效果好，在大电流下也能够有效阻碍四价锡生成，延长槽液寿命；

（3）本品具有优异的电镀性能，其分散能力能达到 95％以上，其电流效率能达到 96％以上且其深镀能力能达到 100％。

配方 **46** 适用性广的电镀锡添加剂

原料配比

原料	配比（质量份）		
	1#	2#	3#
季铵化多羟基 Gemini 表面活性剂	2.5	2	4
苯甲酸	40	32	48
间苯二酚	2	5	6
戊二醛	3	1	2
葡萄糖酸内酯	6	8	10

制备方法　将各组分混合均匀即可。

原料介绍　所述的 Gemini 表面活性剂是指具有两个双亲组分在亲水头基处或距亲水头基很近的烷基链上由连接基团将它们连接在一起而形成的双头双尾表面活性剂。

所述的 Gemini 表面活性剂制备方法为：取 N,N-二甲基十二烷基叔胺，加入 1,3-二溴丙烷和无水乙醇，搅拌下回流反应 36～72h，旋蒸除去溶剂，用乙醚洗涤 1～3 次除去过量的 N,N-二甲基十二烷基叔胺，过滤，滤饼用乙醇/乙酸乙酯混合物重结晶，即得。

所述乙醇/乙酸乙酯混合物中乙醇与乙酸乙酯的体积比为（0.1～0.5）：2。

所述添加剂中，季铵化多羟基 Gemini 表面活性剂与苯甲酸的重量比为 1：（10～16）。

所述添加剂还可包括以下组分：光亮剂、抗氧化剂和络合剂。

所述光亮剂选自醛类、酮类、有机酸和有机酸衍生物中的一种或一种以上的混合物。

所述抗氧化剂为间苯二酚、甲酚、萘酚或抗坏血酸。

所述络合剂选自葡萄糖酸内酯、葡萄糖酸和氨基磺酸中的一种。

产品应用 本品是一种电镀锡添加剂。添加剂使用浓度为 40～70g/L。

电镀工艺包括以下步骤：

（1）前处理：将待镀工件进行化学除油、碱蚀、水洗、酸蚀、水洗、条件化预处理、预浸镍、化学镀镍、水洗；

（2）镀锡：往镀槽中加入镀锡电镀液，将步骤（1）处理得到的待镀工件作为阴极，采用纯锡棒作为阳极，接通电流，控制电镀温度为 25℃，电流密度为 $1A/dm^2$，电镀时间为 15min；

（3）将经步骤（2）处理得到的工件进行回收、水洗、温水洗、干燥。

所述化学除油步骤为：将待镀工件置于含有 NaOH 20g/L、Na_2CO_3 30g/L、Na_3PO_4 30g/L、OP-10 乳化剂 0.5mL/L 的水中，于 75℃下浸泡 60s。

所述碱蚀步骤具体操作为：将经化学除油后的待镀工件置于含有 NaOH 50g/L、Na_2CO_3 30g/L、Na_3PO_4 30g/L、硅酸钠 5g/L 的水中，于 80℃下处理 50s。

所述酸洗步骤具体操作为：将经水洗后的待镀工件置于含有硝酸 400g/L、氢氟酸 250g/L 的水中，于 25℃下浸泡 30s，反复用流动水冲洗干净。

所述条件化预处理具体操作为：将经水洗后的待镀工件置于含有质量分数为 1.5％氨水 200mL/L、柠檬酸三钠 5g/L 的去离子水中，于室温下处理 30s。

所述预浸镍步骤具体操作为：将经条件化预处理后的待镀工件置于预浸镍溶液中，室温下处理 40s。

所述预浸镍溶液以去离子水为溶剂，含有醋酸镍 3g/L、柠檬酸三钠 6g/L、质量分数为 1.5％氨水 200mL/L、三乙醇胺 10mL/L 和乳酸 10mL/L，pH 值为 10～11。

所述化学镀镍步骤具体操作为：将经预浸镍后的待镀工件置于化学镀镍溶液中，于 65℃处理 30min；所述化学镀镍溶液以去离子水为溶剂，包含硫酸镍 30g/L、次亚磷酸钠 30g/L、柠檬酸三钠 8g/L、硫酸铵 20g/L 和乳酸 30mL/L，pH 值为 4～6。

产品特性

（1）本品的镀锡电镀液中，加入季铵化多羟基 Gemini 表面活性剂协同苯甲酸，能够在阴极表面形成紧密的覆盖膜层，从而有效抑制了杂质金属离子在阴极表面的还原和沉积，显著降低了锡镀层的无机杂质含量，使镀层更加均匀细致，厚度更加均匀，可焊性提高。

（2）本添加剂中还加了光亮剂，进一步提高镀层的光亮度、结合力，使得镀层更加平整且不易脱落；通过加入抗氧化剂，提高了镀液的稳定性。

（3）本电镀锡添加剂不仅适用于铝合金的镀锡，还适用于电子设备的镀锡，其既可以与现有的 MSA 电镀液体系相配合，也可以与硫酸盐电镀锡体系配合，适用性较广。

配方 **47** 高性能电镀雾锡添加剂

原料配比

<table>
<tr><th colspan="2" rowspan="2">原料</th><th colspan="5">配比（质量份）</th></tr>
<tr><th>1#</th><th>2#</th><th>3#</th><th>4#</th><th>5#</th></tr>
<tr><td rowspan="2">平整剂</td><td>聚氧乙烯-聚氧丙烯嵌段共聚物 L64</td><td>2</td><td>4</td><td>6</td><td>5</td><td>4</td></tr>
<tr><td>聚乙二醇 PEG400</td><td>2</td><td>6</td><td>4</td><td>5</td><td>6</td></tr>
<tr><td>防烧焦剂</td><td>硫代二甘醇乙氧基化物 HS1000</td><td>2</td><td>4</td><td>4</td><td>5</td><td>10</td></tr>
<tr><td>光亮剂</td><td>壬基酚聚氧乙烯醚 NP-10</td><td>5</td><td>13</td><td>13</td><td>10</td><td>10</td></tr>
<tr><td>抗氧剂</td><td>特丁基对苯二酚</td><td>1</td><td>2</td><td>2</td><td>3</td><td>3</td></tr>
<tr><td>絮凝剂</td><td>聚乙烯亚胺</td><td>0.5</td><td>0.5</td><td>0.5</td><td>0.5</td><td>0.5</td></tr>
<tr><td rowspan="2">分散剂</td><td>4-甲基-2-戊醇</td><td>1</td><td>1</td><td>2</td><td>2</td><td>2</td></tr>
<tr><td>甲醇</td><td>—</td><td>1</td><td>2</td><td>2</td><td>3</td></tr>
<tr><td>有机溶剂</td><td>异丙醇</td><td>10</td><td>13</td><td>13</td><td>13</td><td>13</td></tr>
<tr><td colspan="2">去离子水</td><td>76.5</td><td>55.5</td><td>53.5</td><td>54.5</td><td>48.5</td></tr>
</table>

制备方法 按照配方依次称取平整剂、防烧焦剂、光亮剂、抗氧剂、絮凝剂、分散剂、有机溶剂加入反应釜中，在 20～50℃搅拌 0.5h，补去离子水至所需量，搅拌均匀，得到电镀雾锡添加剂。

产品应用 电镀雾锡液的制备和使用方法：在去离子水中添加 120 份甲基磺酸、40 份甲基磺酸锡、20 份的电镀雾锡添加剂，用去离子水定容到 1000 体积份。采用上述电镀液在 60mm×100mm 的铜试片上电镀 1min，电镀电流密度为

$20A/dm^2$，温度 252℃，在铜片上电镀雾锡镀层。

产品特性

（1）本品所述的平整剂具有良好的酸碱稳定性和分散性，与其他组分相容性好，能有效控制镀层厚度；防烧焦剂有效拓宽电流密度，增加阴极极化，提高电流效率，抑制高电流区域出现烧锡现象；抗氧剂有效抑制了 Sn^{2+} 的氧化现象，保持镀液的稳定性；絮凝剂可以有效吸附电镀过程中产生的不溶性物质，净化了电镀液；分散剂使得各个组分在电镀液中分布均匀；有机溶剂使得各组分可以充分溶解在电镀雾锡添加剂中。

（2）电镀雾锡添加剂使用简单，采用单一剂型体系，有较宽的电流适用范围，电镀锡层光亮平整，锡层厚度均一，表面无气孔，解决了高电流区电流烧锡的问题，同时具有较好的深镀能力。本电镀雾锡添加剂获得的镀层表面光滑平整，锡层致密，受热不变色，耐腐蚀性强。

五、其他添加剂

配方 **1** 凹版镀铬添加剂

原料配比

原料	配比（质量份）		
	1#	2#	3#
甲苯二磺酸钠	20	21	22
氨基磺酸钠	8	9	10
碘化钾	8	9	10
乙醇	2	3	4
氧化镁	5	6	7
硫酸	4	5	6
去离子水	45	50	55

制备方法 将各组分原料混合均匀即可。

产品应用 本品主要是一种凹版镀铬添加剂。

产品特性 本品作为电镀硬铬的高效催化剂具有非常好的效果，添加本添加剂的镀铬液，电流效率可达 25%～30%，镀层光亮平滑，比传统的镀液电镀出的产品光亮度提高 80%，使镀层的耐磨性和腐蚀性提高 30%。其优点在于电流效率高，沉积速度快，且不含氟化物，对镀件及阳极铅板无腐蚀，保证电镀质量。

配方 2 电镀液光亮剂材料组合物

原料配比

原料	配比（质量份）				
	1#	2#	3#	4#	5#
水	100	100	100	100	100
苯甲酸钠	15	25	20	10	30
壬基酚聚氧乙烯醚	15	25	20	10	30
醋酸	2	4	3	1	5
DL-蛋氨酸	1	2	1	1	3
乙烷	2	4	3	1	5
异丁烷	2	4	3	1	5
硝酸镁	1	3	2	—	—
硝酸钠	1	3	2	—	—

制备方法 将水、苯甲酸钠、壬基酚聚氧乙烯醚、醋酸、DL-蛋氨酸、乙烷和异丁烷混合，然后加入硝酸镁和硝酸钠混合。混合过程为搅拌混合，且搅拌速率为 $50\sim200r/min$。即制得电镀液光亮剂。

产品特性 本品用于电镀液中能有效提高该电镀液电镀后形成的镀层表面的光亮度，进而大大提高产品外观的光泽，从而大大降低单纯使用一般电镀液所制得镀层的光泽度较低的概率，进而提高生产质量，降低废品数量，大大提高了产品的合格率。

配方 3 镀铬光亮剂

原料配比

原料	配比/(g/L)
硫酸铬	50
氢氧化铬	30
乙酸铬	20
苹果酸	5
乙酸	10
乳酸	0.01
硫酸铋	0.003
十二烷基磺酸钠	0.003

原料	配比/（g/L）
硫酸镍	0.001
去离子水	加至1L

制备方法

（1）用去离子水使固体原料完全溶解、黏稠液体稀释成稀溶液，操作用水量控制在配制溶液体积的 3/4 左右，不能超过规定体积。

（2）用 1∶1 氨水调整 pH 值到 4.5～6.0。

（3）用水稀释至规定体积。

产品应用　使用方法如下。

（1）将被镀物件进行化学除油除锈处理，烘干。

（2）将配好的镀液放入恒温水浴锅中加热至 80～100℃，将光亮剂溶液加入镀液中，再将经前处理好的被镀物件固定，悬挂在镀液中央，施镀约 10～15min 取出，即可。

产品特性　该镀铬光亮剂具有镀液结构稳定、镀层结合力好、镀层的腐蚀性优良且光亮剂使用量少等特点。

配方 **4** 镀铬添加剂

原料配比

原料	配比（质量份）
甲苯二磺酸钠	22
氨基磺酸钠	8
氨三乙酸	5
氧化镁	3
硫酸锶	2.5
硼酸	5
去离子水	54.5

制备方法　常温下，在不锈钢搅拌罐内，按比例先加入去离子水，加入甲苯二磺酸钠和氨基磺酸钠，搅拌至完全溶解，再依次加入氨三乙酸、硼酸、氧化镁、硫酸锶，搅拌至完全溶解，静置，过滤，灌装。

产品应用　本品主要是一种镀铬添加剂。镀铬时，电镀液的组成为：铬酸酐 200～270g/L，硫酸 2～3g/L，镀铬添加剂 20～30mL/L，余量为水。

产品特性

（1）使用本品后，阴极电流效率高达 $35\% \sim 45\%$，沉积速度很快，相同的镀层厚度，施镀时间可以缩短一半。

（2）使用本品后，镀液分散能力好，镀层厚度均匀，不易产生粗糙疱瘤现象，铬层外观光亮平滑。

（3）镀层与基体结合力强，前处理与传统工艺相似，操作容易。

配方 **5**　镀银电镀液光亮剂

原料配比

原料	配比（质量份）	
	1#	2#
辛基酚聚氧乙烯醚	3	5
亚硫酸氢钠	2	5
聚乙烯醇	2	3
无水偏硅酸钠	2	5
十二烷基硫酸钠	2	3
十二烷基苯磺酸钠	2	3
脂肪醇聚氧乙烯醚硫酸钠	3	4
椰油酸单乙醇酰胺	2	4
二甲基硅油	3	5
硬脂酸钾	2	4
聚甘油蓖麻醇酯	3	5
六甲基环三硅氧烷	1	3
磷酸二氢铵	2	5
壬基酚聚氧乙烯醚	3	4
磷酸氢二钠	3	5

制备方法　将各组分原料混合均匀即可。

产品特性　本品的镀银电镀液光亮剂，具有镀层镜面光亮、镀液稳定性高、镀层坚硬且镀层抗变色能力好、光亮效果理想等优点。

配方 **6** 无氰电镀纳米银添加剂

原料配比

<table>
<tr><td colspan="2" rowspan="2">原料</td><td colspan="4">配比（质量份）</td></tr>
<tr><td>1#</td><td>2#</td><td>3#</td><td>4#</td></tr>
<tr><td rowspan="3">表面润湿剂</td><td>十二烷基磺酸铵</td><td>3</td><td>3</td><td>4</td><td>3</td></tr>
<tr><td>十二烷基苯磺酸钠</td><td>3</td><td>3</td><td>3</td><td>4</td></tr>
<tr><td>十二烷基硫酸钠</td><td>3</td><td>4</td><td>3</td><td>3</td></tr>
<tr><td rowspan="5">主光亮剂</td><td>γ-丁烯内酰胺</td><td>35</td><td>35</td><td>35</td><td>40</td></tr>
<tr><td>S-戊烯内酰胺</td><td>15</td><td>15</td><td>15</td><td>16</td></tr>
<tr><td>邻苯二甲酰亚胺</td><td>10</td><td>10</td><td>10</td><td>8</td></tr>
<tr><td>聚丁烯二酰亚胺1000</td><td>10</td><td>10</td><td>10</td><td>8</td></tr>
<tr><td>聚戊烯二酰亚胺1000</td><td>10</td><td>10</td><td>10</td><td>8</td></tr>
<tr><td rowspan="3">辅助光亮剂</td><td>氨基嘧啶</td><td>5</td><td>5</td><td>5</td><td>4</td></tr>
<tr><td>4-乙酰氨基嘧啶</td><td>2</td><td>3</td><td>2</td><td>3</td></tr>
<tr><td>磺胺嘧啶</td><td>3</td><td>2</td><td>3</td><td>3</td></tr>
<tr><td rowspan="4">保护剂</td><td>磺胺噻唑硫代乙醇酸</td><td>1.85</td><td>1.85</td><td>1.5</td><td>1.5</td></tr>
<tr><td>磺胺噻唑硫代乙醇胺</td><td>0.3</td><td>0.35</td><td>0.35</td><td>0.35</td></tr>
<tr><td>丙烷磺酸吡啶鎓盐</td><td>0.35</td><td>0.35</td><td>0.35</td><td>0.35</td></tr>
<tr><td>纯水</td><td>加至1L</td><td>加至1L</td><td>加至1L</td><td>加至1L</td></tr>
</table>

制备方法　在700mL纯水中，用氢氧化钠或氢氧化钾溶液调节pH值为10～11，在搅拌均匀的条件下，依次加入5～10g表面润湿剂、60～80g主光亮剂和10～20g辅助光亮剂，其后再加入1～3g保护剂与150mL纯水的混合物，混合均匀后，继续补加纯水至混合物体积至1L，得到无氰电镀纳米银添加剂。

原料介绍　所述的主光亮剂由25%～50%的γ-丁烯内酰胺、10%～15%的聚丁烯二酰亚胺、15%～35%的S-戊烯内酰胺、10%～15%的聚戊烯二酰亚胺和10%～15%的邻苯二甲酰亚胺组成。

所述的辅助光亮剂由40%～50%的氨基嘧啶、20%～30%的4-乙酰氨基嘧啶和20%～30%的磺胺嘧啶组成。

所述的保护剂由50%～80%的磺胺噻唑硫代乙醇酸、10%～25%的磺胺噻唑硫代乙醇胺和10%～25%的丙烷磺酸吡啶鎓盐组成。

所述的表面润湿剂由 30%～40% 的十二烷基磺酸铵、30%～40% 的十二烷基苯磺酸钠和 30%～40% 的十二烷基硫酸钠组成。

所述的聚丁烯二酰亚胺、聚戊烯二酰亚胺的分子量均应小于 2000。

产品应用 所述的添加剂应用条件为：pH 范围为 7.5～11.5，温度范围为 10～55℃。

产品特性

（1）本品能够使镀层晶粒细化，降低镀层内应力，主要依靠其中含有的不饱和键的酰亚胺或内酰胺，能扩宽镀液电流密度范围，有效改善电镀得到的银沉积层的抗变色能力及光泽度，能使镀层达到镜面光亮，最大光泽度可达 600Gu 以上，并能使镀层晶粒细化至纳米级，平均尺寸为 30～80nm。

（2）本品不含氰化物有害成分，绿色环保，属于绿色电镀的发展方向，而且稳定性强，在长时间电镀作业或长时间静置后仍具有良好的光亮效果。

（3）本品在室温下用于电镀即可起到优异的光亮效果，电镀过程无需加热，生产成本低，效率高。

 配方 **7** 银电镀液复合添加剂

原料配比

原料		配比（质量份）			
		1#	2#	3#	4#
等质量的壳聚糖合银粉末、壳寡糖合银粉末的混合物		200	400	600	1000
去离子水		200（体积份）	400（体积份）	600（体积份）	1000（体积份）
羧甲基纤维素盐	羧甲基纤维素钾（CMC）	250	500	800	1000
EDTA 合银		10	25	40	50
金属银粉		3	4	5	4
表面活性剂	十二烷基硫酸钠（又称月桂醇硫酸钠，SLS）	—	—	20	—
	十二烷基苯磺酸钠（ABS）	5	—	—	—
	十二烷基磺酸钠（SDS）	—	15	—	30

制备方法

（1）以重量比为（0.9～1.1）：（0.9～1.1）的壳聚糖合银粉末和壳寡糖合银粉末的重量为基准，将壳聚糖合银粉末和壳寡糖合银粉末的混合物与去离子水球磨混合 2～6 小时得到壳聚糖合银、壳寡糖合银混合物（简称 CSTs-Ag）悬浊液（以下简称 CSTs-Ag 溶液），在 35～55℃条件下完成。

（2）向第一步得到的 CSTs-Ag 溶液中加入羧甲基纤维素钾（CMC），继续球磨 2～6h，得到 CSTs-Ag-CMC 混合溶液（以下简称 CAC 溶液），在 35～55℃条件下完成。

（3）向第二步得到的 CAC 溶液中加入 EDTA 合银、金属银粉以及表面活性剂，球磨 2～6h，即得到一种银电镀液复合添加剂（以下简称 CACE-Ag），在 35～55℃条件下完成。

原料介绍　所述的壳聚糖合银粉末与壳寡糖合银粉末的重量比为 1：1。

所述的壳聚糖合银按照如下方法得到：将水溶性壳聚糖（脱乙酰度约在 50%～60%的壳聚糖）200～500g 加 500～1000mL 去离子水在 35～55℃条件下搅拌 0.5～2h，加入 0.1～1.5mol 的 AgNO₃ 固体，用 0.1～0.35mol/L 的稀硝酸调节 pH 值为 1.0～2.5，搅拌 0.5～2h，过滤，用去离子水洗涤至无银离子检出，45～55℃下真空干燥 2～5h，即得到浅棕色或棕黄色粉末；EDS 技术测定壳聚糖合银产品的银含量为 200～260mg/g。

所述的壳寡糖合银按照如下方法得到：将水溶性壳寡糖（聚合度在 2～20 之间的壳寡糖）120～250g 加 500～1000mL 去离子水在 35～55℃条件下搅拌 0.5～2h，加入 0.1～1.5mol 的 AgNO₃ 固体，用 0.1～0.35mol/L 的稀硝酸调节 pH 值为 1.0～2.5，搅拌 15min～1h，过滤，用去离子水洗涤至无银离子检出，45～55℃下真空干燥 2～6h，即得到浅棕黄色粉末；EDS 技术测定壳聚糖合银产品的银含量为 180～210mg/g。

所述的羧甲基纤维素盐为羧甲基纤维素钠、羧甲基纤维素钾或羧甲基纤维素铵中的任意一种或多种的混合。

所述的表面活性剂为十二烷基苯磺酸钠（ABS）、十二烷基磺酸钠（SDS）、十二烷基硫酸钠（月桂醇硫酸钠，SLS）中的任意一种或多种的混合。

产品特性

（1）本品采用了壳聚糖合银络合物、壳寡糖合银络合物以及 EDTA-Ag 络合物原料，制备 Ag 电镀液复合添加剂，补充了电镀液银离子来源。由于壳聚糖合银络合物和壳寡糖合银络合物具有较高的化学稳定性，而 EDTA-Ag 络合物化学稳定性适中，增加了 Ag 电镀层的生成途径，电镀过程中多种络合物中心 Ag 离子的释放、Ag 沉积速率较为容易控制，因而 Ag 镀层的理化特性容易控制；由于壳聚糖、壳寡糖对各种杂质离子有较好的吸附性，生成的银电镀层的化学组成较纯，银镀层更为致密；同时使用了羧甲基纤维素盐类、离子型表面活性剂，可进一步增加 Ag 络合物的种类，同时分子量相差较大的壳聚糖、壳寡糖、EDTA、CMC 以及表面活性剂分子可吸附于银电镀层表面，对银电镀层起到一定的保护作用。

（2）采用本银电镀液复合添加剂，电镀的银镀层光亮、致密、耐磨、耐腐蚀、导电性好；镀层粒径较为均一、稳定。

（3）采用本品，银镀层具有良好的抗变色能力，在电镀领域常用质量分数为 2％的 K_2S 溶液变色试验中，室温条件下能保持 8～25min 基本不变色。

（4）本复合添加剂使用方便，在不改变现有电镀液配方、工艺的基础上，应用本品制备的银电镀液添加剂，电镀得到的银镀层不仅附着力强，而且抗变色腐蚀性极好。

（5）本品在不改变原有银电镀工艺的前提下，应用方便、制备工艺灵活、设备简单、原材料丰富，综合生产成本低，易于实现规模化生产、应用广泛。

（6）本品无污染，因为采用的主要原料为壳聚糖及其衍生产物，辅助原料为 EDTA、CMC 以及表面活性剂等。可溶性壳聚糖原料及可溶性壳寡糖等对金属离子吸附能力极佳，壳聚糖、壳寡糖等可能去除其他重金属离子的污染，而且壳聚糖、壳寡糖、EDTA 及 CMC 等可以较为方便地无害化处理或回收再利用，具有良好的环境效益、社会效益和经济效益。

配方 8 复合光亮剂

原料配比

原料	配比/(g/L)				
	1#	2#	3#	4#	5#
糖精钠	100	150	120	160	180
二乙基丙炔胺	1.2	1.3	1.4	1.5	1.3
丙烷磺酸吡啶鎓盐	10	12	14	15	11
乙烯基磺酸钠	200	300	400	500	300
S-羧乙基异硫脲甜菜碱	0.5	0.6	0.6	0.8	0.5
去离子水	加至1L	加至1L	加至1L	加至1L	加至1L

制备方法 将各组分原料混合均匀即可。

原料介绍 本复合光亮剂包括初级光亮剂、次级光亮剂、辅助光亮剂以及去离子水。初级光亮剂为糖精钠（BSI），能够有效减少镀镍层晶粒尺寸，降低镀层张应力，增加镀层延展性，并赋予一定光泽，但单独使用不能获得镜面光亮的镀层；次级光亮剂为二乙基丙炔胺（DEP）和丙烷磺酸吡啶鎓盐（PPS），为强烈光亮剂，二乙基丙炔胺和丙烷磺酸吡啶鎓盐分别主要作用于低电流密度区和高电流密度区，出光速度快，弥补了初级光亮剂的不足，且由于加入量少，分解产物也少，因而槽液更加稳定；辅助光亮剂为乙烯基磺酸钠（VS）和 S-羧乙基异硫脲甜菜碱（ATPN），填补了初级光亮剂和次级光亮剂在走位作用方面的短板，能够提高电镀液不同电流密度区的覆盖能力，而且 S-羧乙基异硫脲甜菜碱还能提高镀液对异种金属杂质的容忍度，增强了镀液的稳定性。

产品应用　本品主要是一种镀镍电镀液复合光亮剂。镀液配方如下。

原料	配比/(g/L)				
	1#	2#	3#	4#	5#
硫酸镍 $NiSO_4 \cdot 6H_2O$	250	280	270	300	270
氯化镍 $NiCl_2 \cdot 6H_2O$	40	45	40	40	45
硼酸 H_3BO_3	35	40	45	40	45
十二烷基硫酸钠	0.1	0.1	0.2	0.1	0.2
复合光亮剂	10（体积份）	10（体积份）	10（体积份）	10（体积份）	10（体积份）
去离子水	加至1L	加至1L	加至1L	加至1L	加至1L

在工件表面镀镍的方法：以镍片为阳极，待镀镍工件为阴极，在直流或脉冲电流作用下，对工件表面进行镀镍。光亮纳米晶镍电镀液的温度维持在 45～55℃，pH 为 3.8～4.5。镀镍过程中维持阴极电流密度为 5～10A/dm²。镍片的纯度在 99％以上。

产品特性

（1）本复合光亮剂在镀液中的分散能力和覆盖能力好，镀镍过程中分解产物少，槽液使用寿命长，可以在较长时间内无需大处理。

（2）本品在镀镍过程中表现出出光速度快、镀层结构致密、外观光亮均匀的优点。

（3）采用本产品的镀镍电镀液在工件表面镀镍的方法操作简单、条件温和，获得的镍层晶粒平均尺寸达到了 8nm，镀层外观光亮均匀、质量稳定。

配方 9 复合型镀铬添加剂

原料配比

原料			配比（质量份）										
			1#	2#	3#	4#	5#	6#	7#	8#	9#	10#	11#
有机物	烷链磺酸	甲基二磺酸	4	—	—	6	3.5	—	6	—	—	9.8	20
		烷基磺酸	—	4	—	—	—	—	—	—	—	—	—
		甲基磺酸	1	—	5.8	—	2.2	4	—	2.2	1.5	—	—
	含氮有机化合物	甘氨酸	—	0.08	—	—	—	—	0.06	—	—	—	—
		氨基磺酸	1	—	—	—	—	0.1	—	—	0.09	—	0.001
		吡啶磺酸	—	—	—	—	0.06	—	—	—	—	—	—
		吡啶	—	—	—	—	—	—	—	—	—	0.009	—
		氨基酸	—	—	—	—	—	—	—	—	0.01	—	—
		三氮唑	—	0.01	—	—	—	—	0.02	0.1	—	—	—
		苯丙三氮唑	—	—	—	—	—	—	—	—	—	—	0.005
无机物	轻型稀土氟化物	氟化镧	0.06	—	0.006	0.006	—	0.008	—	—	—	—	0.001
		氟化铈	—	0.04	—	—	0.006	—	0.006	—	—	—	—
		氟化钕	—	—	—	—	—	—	—	0.009	0.009	0.008	—
	VA族元素氧化物	氧化砷	0.1	—	—	—	—	0.1	—	0.06	0.06	—	—
		氧化铋	—	0.05	—	0.05	—	—	0.05	—	—	0.09	0.06

制备方法 将各组分原料混合均匀即可。

产品应用 本品主要是一种复合型镀铬添加剂。使用浓度为 3～6mL/L。

产品特性

（1）本品能够提高电流效率，镀层沉积结晶细致，光亮度好。使用无机轻型稀土氟化物，提高电流效率，使镀层沉积结晶细致，对低电流区有活化作用，对基体表面氧化层有活化作用，从而提高均镀能力和深镀能力。使用ⅤA族元素氧化物，抑制阳极腐蚀，提高电极极化电流，复配前两种，工件和阳极表面不会造成腐蚀和钝化。

（2）将本品加于标准镀铬溶液中，不仅电流效率高，镀层光亮度好，工艺光亮范围宽，深镀能力好，而且镀层硬度高，阳极无腐蚀，操作工艺简单，成本低。

配方 **10** 高效凹版镀铬添加剂

原料配比

原料	配比（质量份）		
	1#	2#	3#
1,5-萘二磺酸钠盐	12	15	18
碘化钾	8	10	12
亚甲基双萘磺酸钠	9	12	15
98%硫酸	0.4	0.5	0.6
酒精	0.25	0.3	0.35
铬酐（三氧化铬）	0.4	0.5	0.6
纯净水	25	31.7	39

制备方法 在温度为 $35\sim45℃$ 的纯净水中，加入 1,5-萘二磺酸钠盐，搅拌至溶解，加入碘化钾，搅拌至溶解，加入亚甲基双萘磺酸钠后搅拌 $0.15\sim0.25h$，加入 98%硫酸并搅拌均匀，再加入酒精并搅拌均匀，然后加入铬酐并搅拌均匀。

产品特性

（1）本品作为电镀硬铬的高效催化剂具有非常好的效果。添加本品的镀铬液，电流效率可达 $25\%\sim30\%$，镀层光亮平滑，比传统的镀液电镀出的产品光亮度提高 80%，镀层的耐磨性和腐蚀性提高 30%，其优点在于电流效率高，沉积速度快，且不含氟化物，对镀件及阳极铅板无腐蚀，保证电镀质量。

（2）镀层结晶细致光亮，与基体结合力强，镀层裂纹系数最高达到 1000，是普通镀液的裂纹系数（400）的 2.5 倍；使电镀凹版更加耐印、光亮度高，镀层硬度 HV 在 1000 以上。

（3）不含氟元素，对阳极铅板和镀件不镀部位不会产生腐蚀作用。

（4）沉积速度快，可以达到较高的电流密度和电流效率，沉积速度可达 $3\sim6\mu m/min$。

（5）镀液覆盖能力强、深镀能力好，镀层均匀。

（6）镀液稳定，抗杂质性强，易于操作维护。

（7）镀层耐磨性和耐腐蚀性高。

 配方 **11** 枪管内膛镀铬高效添加剂

原料配比

原料	配比/(g/L)
CH_3SO_3Na	1～5
NaBr	0.01～0.02
$MgSO_4$	0.01～0.05
去离子水	加至1L

制备方法

（1）称取 CH_3SO_3Na 白色粉末，用适量去离子水将其完全溶解制成 A 液；

（2）分别称取 NaBr 粉末与 $MgSO_4$，将其混合均匀后用适量水完全溶解制成 B 液；

（3）将 A 液和 B 液同时缓慢注入 0.5L 温度为 55～60℃ 的去离子水中，加热保温，使溶液温度维持在 55～60℃ 间，并用转速为 70～100r/min 的搅拌桨搅拌至溶液沉淀消失得到添加剂母液，最后用去离子水将添加剂母液稀释至 1L。

产品应用 本品主要是一种枪管内膛及深管零件内壁镀铬工艺的添加剂。

使用方法为：配制成所需体积的镀铬液后，以铁板作为阳极放入配制好的镀铬液中，并将镀液加热至 45℃，在电流密度为 $30A/dm^2$ 的条件下电解铁板 3～5min，得到所需含量的 Fe^{3+}，得到镀铬槽液，向槽液中加入 15～30mL/L 所述的添加剂即得到枪管内膛镀铬高效添加剂镀液。

产品特性

（1）在枪管内膛镀铬时，加入本品，镀铬层的沉积速度显著提高，其上铬速度是传统镀铬工艺的 2～3 倍，显著提高电流效率，传统镀铬工艺的电流效率仅为 8%～15%，而加入本品中的添加剂后电流效率提高到 20%～27%。上铬速度及电流效率的提高能极大地减少镀铬过程中的能量消耗，降低枪管生产的成本。

（2）本添加剂的加入，能提高镀液的深镀能力，有利于枪管内膛铬层的均匀性，提高镀液的流动性，降低电镀过程中枪管内镀液成分的波动，从而提高阳极电流密度的均匀性，提高镀层的质量，能将镀铬层电流效率从 8%～12% 提升至 20%～28%。采用本品所述添加剂不用进行换向镀铬来修复镀铬层的锥差，大大节约了电镀时间和成本，进而提高枪管的一次性校验合格率，降低成本，减少环境污染。

配方 **12** 无氰镀银光亮剂

原料配比

原料		配比/（g/L）		
		1#	2#	3#
十二烷基二苯磺酸钠		12	14	16
β-萘酚聚氧乙烯醚		20	22	26
羟乙基乙二胺三乙酸（HEDTA）		1	1.2	1.5
磷酸二氢钾		1	1.6	2
尿素		8	12	13
聚乙二醇	分子量为800	12	—	—
	分子量为1200	—	15	—
	分子量为2000	—	—	15
含硫杂环化合物	糠巯基吡嗪	60	—	—
	苄基甲基硫醚		65	62
含氮羧酸	半胱氨酸	9	—	—
	色氨酸	—	8	—
	氨基乙酸	—	—	8
去离子水		加至1L	加至1L	加至1L

制备方法 在带搅拌的容器中，先加入总水量的2/3，将称量好的十二烷基二苯磺酸钠、β-萘酚聚氧乙烯醚、PEG加入水中，搅拌至完全溶解，升温至40℃，再加入称量好的HEDTA，搅拌至完全溶解。将含硫杂环化合物、含氮羧酸、尿素和磷酸二氢钾加入上述搅拌均匀的溶液中，继续搅拌至完全溶解，定容并搅拌2h，得无氰镀银光亮剂。

原料介绍 所述的含硫杂环化合物在添加剂中起光亮作用。含硫杂环化合物为2-巯基苯丙噻唑、2-巯基苯并咪唑、8-巯基喹啉、1,4-二取代酰胺基硫脲、糠巯基吡嗪、2-甲硫基吡嗪、2-巯基吡嗪、吡嗪乙硫醇、2-巯甲基吡嗪、4-甲基噻唑、2-乙酰基噻唑、2-异丁基噻唑、2-甲氧基噻唑、2-甲硫基噻唑、2-乙氧基噻唑、2-甲基四氢呋喃-3-硫醇、2,5-二甲基-3-巯基呋喃、2-乙酰基噻吩、四氢噻吩-3-酮、苄基甲基硫醚、苄硫醇、糠基硫醇、2-噻吩硫醇中的一种或两种以任意比例混合，此含硫杂环化合物优选糠巯基吡嗪、8-巯基喹啉、2-乙酰基噻唑、吡嗪乙硫醇、苄基甲基硫醚、苄硫醇中的一种或两种以任意比例混合。

所述的含氮羧酸是一种氨基酸，在镀液中作络合剂。可以选择氨基乙酸、氨三乙酸、半胱氨酸、亮氨酸、丙氨酸、苯丙氨酸、色氨酸、天冬氨酸、谷氨酸、组氨酸等中的一种。

所述的十二烷基二苯磺酸钠作为润湿剂和去雾剂。

所述的 β-萘酚聚氧乙烯醚是非离子表面活性剂。

所述的 HEDTA 作为螯合剂，在镀液中起次级络合剂的作用。

所述的磷酸二氢钾在镀液中作为辅助光亮剂。

所述的聚乙二醇在添加剂中作为载体。此无氰镀银光亮剂中聚乙二醇的分子量范围在 400～8000 左右，优选 PEG800、PEG1200、PEG2000 和 PEG4000。

产品应用 镀液配方如下。

原料	配比/(g/L)
硝酸银	56
硫代硫酸钾	238
焦亚硫酸钾	76
硫酸钾	10
硼酸	43
硫酸	3.7
无氰镀银光亮剂	6（体积份）
去离子水	加至 1L

产品特性 采用本品的镀层光亮，不易变色，脆性小，附着力好，能达到氰化物镀银同等效果。十二烷基二苯磺酸钠在镀液中起助溶和润湿作用，使镀层呈现镜面光亮的外观，同时降低表面张力，减少镀层针孔的产生。β-萘酚聚氧乙烯醚可以提升添加剂的浊点，增加镀液的分散能力，同时作为初级光亮剂，提高深镀能力和镀层的韧性。HEDTA 在镀液中作为次级络合剂，起到稳定镀液的作用。磷酸二氢钾在镀液中作为辅助光亮剂使用，同时在镀液中起到稳定添加剂 pH 值的作用。尿素在镀液中起光亮的作用。聚乙二醇在添加剂中作为载体，起到增加添加剂中光亮剂的溶解性的作用，同时可以增加阴极极化作用。

配方 **13** 高亮度电镀硬铬添加剂

原料配比

原料		配比（质量份）			
		1#	2#	3#	4#
有机酸盐	苯磺酸钠	50	—	—	—
	乙酸钠与氨基磺酸钠复配（1:1）	—	100	—	—
	氨基乙酸钠	—	—	150	—
	甲基磺酸与乙酸复配（2:1）	—	20	—	—

原料		配比（质量份）			
		1#	2#	3#	4#
有机酸盐	单宁酸钠与苯磺酸钠复配（1:3）	—	—	—	200
缓冲剂	硼酸	1	—	—	—
	柠檬酸钠	—	6	—	8
	乳酸	—	—	10	—
有机酸	甲基磺酸	—	—	50	—
	柠檬酸	—	—	—	35
	氨基磺酸	10	—	—	—
湿润剂	甘油	—	1	—	—
	乙二醇	—	—	5	—
	聚乙二醇和乙二醇复配（1:2）	—	—	—	3
去离子水		600	600	600	600

制备方法　称取总配制量 60% 的去离子水于容器中，依次向容器中称取加入有机酸盐、有机酸、缓冲剂、湿润剂，全部加入后搅拌 5min，然后定容到预设容量，再次充分搅拌均匀，按实际需求进行分装。

产品特性　本品不仅制备工艺简单，而且原料配方简单，用途广泛，能满足众多领域（如凹版、活塞杆、结晶器、减震器、模具等）的工件内外腔镀硬铬要求，并能获得优良的电镀质量；同时其沉积速度增快，能有效提高电流效率，大大缩短电镀时间，从而降低成本；镀层微裂纹少，对铬层的物理保护性能优良；镀层韧性优良，能有效防止高电流区铬层起皮故障；镀层结晶细腻，硬度 HV 可达 1000 以上，镀层表面达到超镜面效果，孔隙率低，内应力小，可以有效减少晶界腐蚀的产生；工艺对设备的要求不复杂，性能稳定、操作简单、易维护。

配方 **14** 磺基水杨酸镀银添加剂

原料配比

原料	配比/(g/L)					
	1#	2#	3#	4#	5#	6#
聚乙二醇	12	12	12	12	12	12
对硝基苯胺	40	40	40	40	40	40
偶氮二异丁腈	9	9	9	9	9	9
正丙苯	10	10	10	10	10	10
EDTA（乙二胺四乙酸）	300	300	300	300	300	300

续表

原料	配比/(g/L)					
	1#	2#	3#	4#	5#	6#
二巯基丙烷磺酸钠	150	150	150	150	150	150
醇醚磷酸盐	—	2	2	2	2	2
三乙胺	—	4	4	4	4	4
二苯甲烷	—	0.6	0.6	0.6	0.6	0.6
巯基乙酸	—	80	80	80	80	80
聚氧乙烯酰胺	—	—	4	4	4	4
乙烯亚胺	—	—	1	1	1	1
萘	—	—	0.6	0.6	0.6	0.6
三乙醇胺	—	—	50	50	50	50
高碳脂肪醇聚氧乙烯醚	—	—	—	2	2	2
吡咯烷	—	—	—	0.3	0.3	0.3
蒽	—	—	—	0.2	0.2	0.2
氟化氨	—	—	—	15	15	15
铬酸钾	—	—	—	35	35	35
烷基酚聚氧乙烯醚 OP-10	—	—	—	—	0.8	0.8
乙酰丙酮	—	—	—	—	15	15
酒石酸	—	—	—	—	25	25
乙二胺四丙酸	—	—	—	—	—	15
水	加至1L	加至1L	加至1L	加至1L	加至1L	加至1L

制备方法

（1）将水加热到 80～90℃，在 1000～1200r/min 的搅拌下，加入聚乙二醇、醇醚磷酸盐、聚氧乙烯酰胺、高碳脂肪醇聚氧乙烯醚和烷基酚聚氧乙烯醚后，继续在 80～90℃、1000～1200r/min 下搅拌 20～30min；

（2）将 EDTA（乙二胺四乙酸）和二巯基丙烷磺酸钠、巯基乙酸、三乙醇胺、氟化氨、铬酸钾、乙酰丙酮、酒石酸和乙二胺四丙酸依次加入（1）所得的物料中，然后在 80～90℃、1000～1200r/min 下搅拌 10～20min；

（3）将对硝基苯胺、偶氮二异丁腈、三乙胺，乙烯亚胺、吡咯烷、正丙苯、二苯甲烷、萘和蒽依次加入（2）所得的物料中，然后在 80～90℃、1000～1200r/min 下搅拌 30～40min，得磺基水杨酸镀银添加剂。

产品应用　本品主要用于装饰性电镀和功能性电镀等多领域的应用，可直接用于黄铜、铜等工件。

磺基水杨酸镀银电镀液配方如下。

原料	配比/(g/L)
磺基水杨酸镀银添加剂	250（体积份）
磺基水杨酸	180
硝酸银	60
丙酸铵	25
氢氧化钠	18
水	加至1L

磺基水杨酸镀银电镀液的制备方法：

（1）将磺基水杨酸溶于水，得溶液一；

（2）将氢氧化钠的溶于水后，加入溶液一中，得溶液二；

（3）将硝酸银溶于水后，加入溶液二中，得溶液三；

（4）将丙酸铵溶于水后，加入溶液三中，得溶液四；

（5）将磺基水杨酸镀银添加剂加入溶液四中，再加水至所需量，然后调节pH至9，即得磺基水杨酸镀银电镀液。

产品特性　本品磺基水杨酸镀银添加剂，使得电镀液的分散性、稳定性、电镀性等有了非常显著的提升，无需在电镀过程中反复调整pH值，同时显著提高了银镀层的平整性、附着力、光泽度、抗变色性等性能，还使镀层的厚度减薄，且无龟裂等现象。采用本品的电镀液不含氰化物，镀层镜面光亮、脆性小、附着力好、表面平整、光亮、抗变色性好、耐热性强，无需预镀，结合力也能得到保证。

配方 15 碱性无氰电镀锌镍合金添加剂

原料配比

原料		配比（质量份）			
		1#	2#	3#	4#
络合剂	20g/L 的 α-氨基丁酸	12	—	—	—
	30g/L 的酒石酸	—	14	—	—
	40g/L 的柠檬酸	—	—	16	—
	50g/L 的甘氨酸	—	—	—	19
	120g/L 的二乙醇胺	16	—	—	—
	150g/L 的三乙醇胺	—	18	—	—
	220g/L 的四乙烯五胺	—	—	20	—
	240g/L 的二乙烯三胺	—	—	—	22
	60/L 的 N,N,N′,N′-四羟乙基乙烯二胺	15	—	—	—

原料		配比（质量份）			
		1#	2#	3#	4#
络合剂	220g/L 的聚丁烯胺	—	17	—	—
	260g/L 的聚丙烯胺	—	—	20	—
	300g/L 的聚乙烯亚胺	—	—	—	22
	160/L 的三乙烯四胺的衍生物	17	—	—	—
	170g/L 的乙二胺	—	21	—	—
	260g/L 的六亚甲基四胺	—	—	24	—
	200g/L 的二乙醇胺	—	—	—	17
光亮剂	10g/L 的二乙氧基丁炔二醇醚	1	—	—	—
	20g/L 的丙烷磺酸吡啶鎓盐	—	1.5	—	—
	30g/L 的 N-苯基-3-羧基吡啶氯	—	—	2	—
	40g/L 的四乙烯五胺	—	—	—	2.5
	100g/L 的三乙烯四胺与环氧氯丙烷的反应物	1	—	—	—
	110g/L 的二乙烯三胺与环氧氯丙烷的反应物	—	1.2	—	—
	120g/L 的炔丙基磺酸钠与环氧氯丙烷的反应物	—	—	1.5	—
	130g/L 的六亚甲基四胺与环氧氯丙烷的反应物	—	—	—	2
	50g/L 的芳香醛	0.3	—	—	—
	65g/L 的芳香醛	—	0.3	—	—
	80g/L 的芳香醛	—	—	0.5	—
	100g/L 的芳香醛	—	—	—	1
	20g/L 的烟酸衍生物	0.9	—	—	—
	30g/L 的烟酸衍生物	—	1.2	—	—
	40g/L 的烟酸衍生物	—	—	1.2	—
	50g/L 的烟酸衍生物	—	—	—	1.2
	10g/L 的香豆素	0.8	—	—	—
	15g/L 的三乙醇胺	—	0.8	—	—
	25g/L 的三乙烯四胺	—	—	0.8	—
	30g/L 的三乙烯四胺	—	—	—	0.3
镍补加剂	360g/L 的硫酸镍	8	—	—	—
	380g/L 的碳酸镍	—	9	—	—
	400g/L 的氯化镍	—	—	10	—
	420g/L 的氨基磺酸镍	—	—	—	12

续表

原料		配比（质量份）			
		1#	2#	3#	4#
镍补加剂	40g/L 的二乙醇胺	1	—	—	—
	45g/L 的二乙醇胺	—	2	—	—
	50g/L 的二乙醇胺	—	—	3	—
	60g/L 的二乙醇胺	—	—	—	4
	50g/L 的 N,N,N',N'-四羟乙基乙烯二胺	1	—	—	—
	60g/L 的 N,N,N',N'-四羟乙基乙烯二胺	—	2	—	—
	70g/L 的 N,N,N',N'-四羟乙基乙烯二胺	—	—	2.5	—
	80g/L 的 N,N,N',N'-四羟乙基乙烯二胺	—	—	—	2
	30g/L 的三乙烯四胺和环氧氯丙烷反应产物	2	—	—	—
	35g/L 的三乙烯四胺和环氧氯丙烷反应产物	—	3	—	—
	40g/L 的三乙烯四胺和环氧氯丙烷反应产物	—	—	3.5	—
	50g/L 的三乙烯四胺和环氧氯丙烷反应产物	—	—	—	3

制备方法 将各组分原料混合均匀即可。

产品应用 电镀液配方如下。

原料		配比/（g/L）			
		1#	2#	3#	4#
锌离子	5g/L	12	—	—	—
	12g/L	—	13	—	—
	18g/L	—	—	14	—
	20g/L	—	—	—	15
氢氧化钠溶液	100g/L	30	—	—	—
	110g/L	—	28	—	—
	120g/L	—	—	24	—
	130g/L	—	—	—	20

原料		配比/(g/L)			
		1#	2#	3#	4#
络合剂	50mL/L	50	—	—	—
	60mL/L	—	60	—	—
	70mL/L	—	—	70	—
	80mL/L	—	—	—	80
镍补加剂	12mL/L	12	—	—	—
	15mL/L	—	15	—	—
	18mL/L	—	—	18	—
	21mL/L	—	—	—	21
光亮剂	4mL/L	4	—	—	—
	5mL/L	—	5	—	—
	6mL/L	—	—	6	—
	7mL/L	—	—	—	7
水		加至1L	加至1L	加至1L	加至1L

电镀方法包括如下步骤：

（1）向赫尔槽添加蒸馏水，直至液位达到赫尔槽体积的二分之一，随后依序加入氢氧化钠及氧化锌，并持续搅拌，快速导出碱液溅入水中产生的热量，防止赫尔槽急剧放热，从而保证作业的安全性。搅拌作业后，形成含有120g/L的氢氧化钠及8g/L的锌离子的电解液主液，该电解液主液为电解作业的进行提供碱性环境及锌离子，以利于电解作业的持续进行。

（2）电解液主液自然降温至30℃以下后，依序向赫尔槽中添加络合剂、镍补加剂及光亮剂，并持续搅拌，使其形成均匀混合溶液。

（3）继续向赫尔槽中补加水，直至赫尔槽内的液位达到赫尔槽体积的80%，形成电解液。

（4）将20cm×6cm的铁片放置在赫尔槽的阳极，在电解液温度为26℃的条件下，向赫尔槽中通入2A电流对铁片持续电镀20min，直至铁片表面形成均一镀层，至此，即完成铁片表面的电镀作业。

产品特性　本品可提升钢铁件上镀层的光亮度，使镀层达到接近镀镍层色泽全光亮的效果，出光速度快，提升了钢铁件电镀作业的效率；镀层结合力较好，镀层的耐腐蚀性能提升，且镀层的电流效率增大。

配方 硫代硫酸盐镀银添加剂

原料配比

原料	配比/(g/L)					
	1#	2#	3#	4#	5#	6#
十二烷基硫酸钠	15	15	15	15	15	15
聚乙二醇	4	4	4	4	4	4
氮芥	11	11	11	11	11	11
异丙苯	8	8	8	8	8	8
1,10-邻二氮菲	300	300	300	300	300	300
二巯基丙醇	80	80	80	80	80	80
巯基乙胺	80	80	80	80	80	80
EGTA［乙二醇双（2-氨基乙基醚）四乙酸）］	120	120	120	120	120	120
烷基糖苷	—	4	4	4	4	4
硝基甲烷	—	3	3	3	3	3
三苯甲烷	—	1.5	1.5	1.5	1.5	1.5
硫脲	—	20	20	20	20	20
椰油酸二乙醇酰胺	—	—	2	2	2	2
2-重氮基-2-苯基乙酸乙酯	—	—	0.8	0.8	0.8	0.8
四氢化萘	—	—	1.5	1.5	1.5	1.5
8-羟基喹啉	—	—	10	10	10	10
月桂酸	—	—	—	0.6	0.6	0.6
偶氮苯	—	—	—	1.5	1.5	1.5
菲	—	—	—	1.5	1.5	1.5
硫化钠	—	—	—	3	3	3
失水山梨醇酯	—	—	—	—	0.3	0.3
甲醛缩氨脲	—	—	—	—	0.6	0.6
柠檬酸	—	—	—	—	0.8	0.8
草酸	—	—	—	—	—	0.3
水	加至 1L	加至 1L	加至 1L	加至 1L	加至 1L	加至 1L

制备方法

（1）将水加热到 70～80℃，在 120～1400r/min 的搅拌下，依次加入十二烷基硫酸钠和聚乙二醇、烷基糖苷、椰油酸二乙醇酰胺、月桂酸和失水山梨醇酯后，继续在 70～80℃、1200～1400r/min 下搅拌 10～15min；

（2）将 1,10-邻二氮菲、二巯基丙醇、巯乙胺和 EGTA［乙二醇双（2-氨基乙基醚）四乙酸）］、硫脲、8-羟基喹啉、硫化钠、柠檬酸和草酸依次加入（1）所得的物料中，然后在 70～80℃、1200～1400r/min 下搅拌 15～20min；

（3）将氮芥、硝基甲烷、2-重氮基-2-苯基乙酸乙酯、偶氮苯、甲醛缩氨脲、异丙苯、三苯甲烷、四氢化萘和菲依次加入（2）所得的物料中，然后在 70～80℃、1200～1400r/min 下搅拌 20～30min，得硫代硫酸盐镀银添加剂。

产品应用　本品主要是一种硫代硫酸盐镀银添加剂。

原料	配比/（g/L）
硫代硫酸盐镀银添加剂	350（体积份）
硝酸银	55
硫代硫酸钠	280
焦亚硫酸钾	55
水	加至 1L

电镀液的制备方法：

（1）将硫代硫酸钠溶于水；

（2）将硝酸银和焦亚硫酸钾分别溶于水，然后在不断搅拌下混合；

（3）在搅拌条件下，将（1）所得物料加入（2）所得的物料中；

（4）在搅拌条件下，将硫代硫酸盐镀银添加剂加入（3）所得的物料中，再加水至所需量。

银镀层的制备：在电镀过程中，将镀液维持在 25～30℃，然后，将试片接入电路并浸入电镀液中，阴极电流密度为 0.3A/dm^2，采用施镀方式为挂镀，电镀时间为 15min，得到镀银样品，镀层厚度为 5～8μm。

产品特性　本硫代硫酸盐镀银添加剂，使得电镀液的分散性、稳定性、电镀性等有了非常显著的提升，无需在电镀过程中反复调整 pH 值，同时显著提高了银镀层的平整性、附着力、光泽度、抗变色性等性能，还使镀层的厚度减薄，且无龟裂等现象。采用本品的电镀液不含氰化物，镀层镜面光亮、脆性小、附着力好、表面平整、光亮、抗变色性好、耐热性强，可满足装饰性电镀和功能性电镀等多领域的应用，可直接用于黄铜、铜、化学镍等工件，无需预镀，结合力也能得到保证。

配方 **17** 提高锌镍电镀稳定性的电镀添加剂

原料配比

原料		配比（质量份）			
		1#	2#	3#	4#
羟基丙烷磺酸吡啶鎓盐		45	55	70	50
羟基丙酸		2	4	6	4
甲基磺酸		15	20	25	20
乙基香草醛		0.5	1	1.5	1
过氧化氢		15	20	25	20
三聚磷酸钾		25	35	40	10
双氯磺酰亚胺		3	5	8	5
丙炔醇		15	20	25	20
三甲基吡啶		3	5	8	5
十二烷基苯磺酸钾		5	7	8	6
羟基磺酸钠		12	20	25	18
乙酰甘氯酸		15	20	25	20
氯化铵		15	23	30	20
无机金属盐	硫酸锶	8	—	—	10
	硫酸氧钒	—	—	10	15
	硼化钛	—	—	10	—
	焦磷酸钾	15	15	—	—
	醋酸锰	—	15	—	—
无机非金属化合物	三氧化二硼	3	5	—	—
	硫化铵	—	5	10	—
	硫化硒	7	5	5	5
去离子水		600	700	800	700

制备方法 将各组分原料混合均匀即可。

产品特性 本品很大程度上改善了镀液和镀层性能，而且本品的添加剂不会在镀层中产生夹杂，可以明显提升镀层表面光亮性，保证镀层的均匀性；另外，还能维持阴极电流效率和镀液稳定性；本品具有极高的稳定性，在镀液中不会发生分解，经过多次电镀及长时间放置后不会出现沉淀和变色等现象。

配方 **18** 锌镍电镀添加剂

原料配比

原料		配比（质量份）
主光亮剂	环氧氯丙烷	25
	六亚甲基四胺	20
	巯基苯并咪唑	15
	水	适量
次光亮剂	糖精钠	6
	香兰素	3
	水	适量
光亮剂	主光亮剂	70
	次光亮剂	25
	4-甲基苯甲醛	5
增强剂	苯亚磺酸钠	10
表面活性剂	二乙基己基硫酸钠	3
络合剂	三乙醇胺	15
络合剂	醋酸钠	10
水		300

制备方法

（1）主光亮剂配制：于反应釜中，按质量份配比将环氧氯丙烷、六亚甲基四胺、巯基苯并咪唑混合，加入其总量 30～40 倍的水，加热至 60～75℃，复配 20～30min 得到主光亮剂；

（2）次光亮剂配制：按质量份配比将糖精钠、香兰素混合，加入其总量 20～25 倍的水，搅拌加热至 60～75℃，复配 10～15min 的复配产物为次光亮剂；

（3）光亮剂制备：混合使得（1）所得主光亮剂占光亮剂总量 70%，（2）所得次光亮剂占光亮剂总量 25%，加入 4-甲基苯甲醛作为辅助光亮剂，占光亮剂总量 5%，得光亮剂；

（4）添加剂复配：将（3）所得光亮剂与增强剂、络合剂及其他剩余原料混合，于反应釜中保温 70～85℃，100～150r/min 搅拌 5～10min，制成。

产品应用 本品主要是一种锌镍电镀添加剂。使用浓度为 40～60g/L。

产品特性

（1）本添加剂吸附在电极表面会对锌络合离子和镍络合离子的放电起到阻碍作用，对锌镍镀层的结合力度好，具有更好的耐蚀性。

（2）所得产品添加剂用于镀锌镍加工，所得锌镍镀层，经过 1000h 盐雾试验后，锌镍合金镀层的表面只有轻微变化，说明锌镍合金镀层的耐腐蚀能力，锌镍合金镀层原子之间的孔隙很小，从而使其具有良好的耐腐蚀能力。

配方 19 增强电镀产品耐腐蚀性的电镀添加剂

原料配比

原料		配比（质量份）			
		1#	2#	3#	4#
乙二胺四乙酸		25	20	30	40
巯基化合物	二巯基丙醇	10	—	—	—
	二巯基丙烷磺酸钠	10	10	10	—
	巯基乙胺	—	15	20	25
	巯基乙酸	—	—	—	15
柠檬酸钠		15	20	20	30
胺类化合物	乙胺醋酸盐	10	—	10	—
	N-甲基乙胺	10	15	—	—
	二氨基丙胺	—	—	15	15
	N-甲基-N-乙基环丙胺	—	10	—	15
双苯磺酰亚胺		1	2	3	5
邻磺酰苯甲酰亚胺钠		1	2	3	5
烟酸		1	2	2	3
乙基香草醛		1	2	3	5
羟基丙烷磺酸吡啶鎓盐		5	7	8	10
羟基丙酸		2	3	3	4
甲基磺酸		10	12	12	15
三聚磷酸钾		15	17	18	20
双氯磺酰亚胺		3	5	5	8
三甲基吡啶		3	5	5	8
十二烷基苯磺酸钾		5	6	7	8
羟基磺酸钠		5	8	12	15
乙酰甘氨酸		15	17	18	20
氯化铵		10	12	13	15
去离子水		600	650	700	800

制备方法 将各组分原料混合均匀即可。

产品应用 本品主要是一种增强电镀产品耐腐蚀性的电镀添加剂。

产品特性 本品电镀添加剂性质稳定，使用周期长，镀层金属含量稳定；该电镀添加剂镀层具有极好的防腐蚀性能，并且具有低氢脆、耐磨损、抗热冲击良好等优异性能；可直接实现从碱性镀锌向锌镍合金的转变，可充分利用原有槽液，节省了成本，而且防腐性能有显著提高；添加剂对碳酸盐及氯化物的耐受性高，上镀快，电流效率高。

配方 20　低铁含量镀层的碱性电镀锌铁合金镀液添加剂

原料配比

原料		配比（质量份）					
		1#	2#	3#	4#	5#	6#
杂环有机胺	吡嗪	50	40	—	—	—	—
	吡咯	—	40	25	—	—	—
	哌嗪	—	—	25	—	—	—
	嘧啶	—	—	—	25	5	45
	吡啶	—	—	—	25	5	45
溶剂	蒸馏水	50	15	50	50	45	10
	乙醇	—	5	—	—	45	—

制备方法　将各组分原料混合均匀即可。

产品应用　低铁含量镀层的碱性电镀锌铁合金镀液添加剂的应用：添加剂按 $(50\sim1000)\times10^{-6}$ 的添加量添加至碱性锌铁合金镀液中进行电镀。

所述电镀的工艺为在温度为 $10\sim50℃$ 的条件下，通过 $1\sim7A/dm^2$ 的电流进行电镀。

所述碱性锌铁合金镀液由下述组分按照质量分数组成：焦磷酸钾 50%、磷酸二氢钠 20%、氯化亚铁 10% 和氧化锌 20%。

产品特性

（1）本添加剂提高了锌铁合金镀层的耐蚀性、光亮度和镀层结合力，具有很好的分散能力和覆盖能力。在镀液中加入该添加剂，能在较宽的温度范围内获得高表面性能的电镀锌铁合金镀层，提高了工艺的均镀能力，同时也降低了碱性镀液对电镀设备的腐蚀。

（2）本品完全由有机化合物组成，避免了无机添加剂的一些固有缺点，具有用量少、效率高、制作简便、成本低廉、无毒无异味、完全水溶、适用范围广等优点。

（3）本品的添加剂不仅绿色环保、无污染，而且适用范围广、用量少、无毒无异味、完全水溶、容易得到、成本低。经过添加剂处理的钢铁表面可得到具有优异的表面质量、光亮、致密、表面性能好、耐蚀性高、与基板结合力好的电镀锌铁合金层，提高锌层的光亮度和表面外观质量。

配方 **21** 高铁含量镀层的酸性电镀锌铁合金镀液添加剂

原料配比

原料		配比（质量份）					
		1#	2#	3#	4#	5#	6#
有机酸	1,2-乙烷二甲酸	40	—	—	25	—	—
	1,2,3-丙烯三羧酸	—	30	—	—	—	—
	1,3,6-己烷三羧酸	—	—	15	—	—	—
	3-羟基-1,3,5-戊三酸	—	—	—	10	35	—
	植酸	—	10	15	—	—	30
乙醇		—	10	—	15	15	—
蒸馏水		60	50	70	50	50	70

制备方法 将各组分原料混合均匀即可。

原料介绍 所述高铁含量是指锌铁合金镀层中铁的含量为 3%～25%。

所述有机酸的质量分数为 30%～85%。

所述有机酸为脂肪酸多羧酸，所述脂肪酸多羧酸为 1,2-乙烷二甲酸、1,2,3-丙烯三羧酸和 1,3,6-己烷三羧酸的一种或两种以上的任意组合。

所述有机酸还包括 3-羟基-1,3,5-戊三酸和植酸中的至少一种。

产品应用 高铁含量酸性电镀锌铁合金镀液添加剂应用于酸性锌铁合金镀液进行电镀，具体方法为：将所述添加剂以（100～2000）×10^{-6} 的添加量直接添加到酸性锌铁合金镀液中，在 0～50℃条件下，通过 1～10A/dm² 的电流进行电镀；所述酸性电镀锌铁合金镀液成分（以质量分数表示浓度）为：65%～70% 硫酸亚铁、15% 硫酸锌、10% 硫酸钾和 5%～10% 氟硼酸。

产品特性 由于加入的有机酸中亲水性的酸性基团，本品具有很好的分散能力和覆盖能力，可以有效地与金属基体结合，可在金属基体形成均匀的电镀表面，提高了电镀的均镀能力，同时提高电镀阴极极化，使得电沉积电位负移；细化镀层晶粒，使得镀层结晶紧密细致；提高了镀层的耐蚀性、光亮度和结合力。

同时脂肪族多羧酸的烃基背离金属基团，具有疏水性，可排斥腐蚀性介质，提高镀层耐蚀性，同时也降低了电镀设备的腐蚀。同时，本添加剂完全由有机化合物组成，避免了无机添加剂杂质离子的加入，减少了杂质离子的共沉积，提高电镀效率，形成的表面镀层质量优异、内应力小。1,2-乙烷二甲酸、1,2,3-丙烯三羧酸和1,3,6-己烷三羧酸单独使用或结合使用，都可细化晶粒，获得高光亮、饱满、均匀平滑、耐蚀性好的镀层，而加入3-羟基-1,3,5-戊三酸和/或植酸，则可获得更加光亮且细致紧密、耐蚀性好的镀层，但单独使用3-羟基-1,3,5-戊三酸和/或植酸，获得的镀层光亮性、耐蚀性均较差。

配方 **22** 碱性电镀锌铁合金添加剂

原料配比

原料		配比/(g/L)					
		1#	2#	3#	4#	5#	6#
锌离子源	硫酸锌	6	—	5	7	4	5
	氯化锌	—	5	—	—	—	—
铁离子源	硫酸亚铁	1.6	—	2.5	2	2	1
	硫酸铁	—	1.6	—	—	—	—
氢氧化钠		100	70	80	100	80	80
季铵盐聚合物载体光亮剂		0.2	2	2	1	1.5	1.5
组合络合剂		60	40	50	60	50	50
含硫走位剂		0.1	0.05	0.1	0.2	0.1	0.1
调整剂	硅酸钠	5	—	—	8	—	—
	硅酸钾	—	10	15	—	10	10
去离子水		加至1L	加至1L	加至1L	加至1L	至1L	加至1L
组合络合剂	三乙醇胺	2	1	4	2	3	4
	L-酒石酸	3	2	5	2	4	2
	N,N,N',N'-四(2-羟丙基)-乙二胺	3	2	4	3	2	3
含硫走位剂	3-巯基丙烷磺酸钠盐	4	3	5	3	3	3
	聚二硫二丙烷硫酸钠	2	1	3	1	1	2
	羟基丙烷磺酸吡啶鎓盐	1	0.5	2	1	1	1

制备方法

（1）加镀液总体积 20％的去离子水于镀槽中；

（2）在强烈搅拌下小心地加入所需量的氢氧化钠和锌离子源，搅拌至完全溶解，搅拌速率为 200～300r/min；

（3）待冷却后，用去离子水加至镀槽容积的 2/3，搅拌均匀；

（4）依次加入调整剂和季铵盐聚合物载体光亮剂，搅拌均匀；

（5）在另外一个容器中加入组合络合剂，然后加入铁离子源，搅拌均匀，然后加入槽液中，搅拌均匀；

（6）加入含硫走位剂，搅拌均匀；

（7）加水补充镀液体积至镀槽刻度。

原料介绍　碱性电镀锌铁合金电镀液，包括以下成分组成：锌离子源 4～8g/L、铁离子源 1～3g/L、氢氧化钠 50～120g/L、季铵盐聚合物载体光亮剂 0.2～3g/L、组合络合剂 20～70g/L、含硫走位剂 0.01～0.5g/L 和调整剂 3～20g/L。

所述锌离子源为硫酸锌、氯化锌、硝酸锌、葡萄糖酸锌、柠檬酸锌、氧化锌和金属锌中的任意一种或者多种。

所述铁离子源为硫酸亚铁、硫酸铁、氯化亚铁、氯化铁、乙酸亚铁和乙酸铁中的一种或多种。

产品特性

（1）该添加剂体系铁含量在 10％～20％之间，实现了同时具有优异的防腐蚀性能、硬度、光亮外观、耐杂质能力和较好的走位性能，应用范围广泛。

（2）通过使用限定的季铵盐聚合物载体光亮剂，能够克服镀层起泡的倾向，同时相对提高镀液的分散性能，提高镀液的覆盖力；还使整个镀层结晶细致，提高阴极过电位，阻碍金属离子的放电和晶面生长，使高低电流区的金属厚薄均匀，从而使得镀液防腐蚀性能好，镀层光亮度优异。

（3）通过使用含硫走位剂并限定其组成和比例，镀液有很好的深镀能力和分散能力，能提高镀层的均匀性和光亮性，并减小中间镀层与表面层的厚度差。

（4）通过使用调整剂并限定比例，其中的 HSO_3^- 和作为定位离子的氢氧化钠中的 OH^-，一起使表面电位增大，静电排斥作用增强，从而有利于镀液分散，形成稳定的保护膜，有利于增强耐腐蚀性能，还可以络合水里的钙镁离子，降低水的硬度，从而使镀层表面更光亮细腻；另外，控制铁的含量，使引入的铁有利于合金表面结晶细化、组织致密，提高耐蚀性，也便于在后续的钝化工艺中，少量铁迁移进入钝化膜，并与铬酸形成较稳定化合物，使得钝化膜更致密，镀层硬度提高，获得高耐蚀性钝化膜，进一步提高了锌铁合金镀层的耐蚀性。

（5）通过使用限定的组合络合剂抑制锌铁离子的沉积速度，避免沉积太快使镀层粗糙无亮度，限定组分和配比的络合剂对锌铁离子有强络合作用，稳定常数大。

配方 23 碱性无氰电镀锌镍合金添加剂

原料配比

原料			配比（质量份）			
			1#	2#	3#	4#
络合剂			50	60	70	80
光亮剂			4	5	6	7
镍补加剂			12	15	18	21
络合剂	羟基羧酸	20g/L 的 α-氨基丁酸	12	—	—	—
		30g/L 的酒石酸	—	14	—	—
		40g/L 的柠檬酸	—	—	16	—
		50g/L 的甘氨酸	—	—	—	19
	胺类物	120g/L 的二乙醇胺	16	—	—	—
		150g/L 的三乙醇胺	—	18	—	—
		220g/L 的四乙烯五胺	—	—	20	—
		240g/L 的二乙烯三胺	—	—	—	22
		170g/L 的乙二胺	—	21	—	—
		200g/L 的二乙醇胺	—	—	—	17
		160/L 的三乙烯四胺的衍生物	17	—	—	—
		260g/L 的六亚甲基四胺	—	—	24	—
	聚胺类化合物	220g/L 的聚丁烯胺	—	17	—	—
		260g/L 的聚丙烯胺	—	—	20	—
		300g/L 的聚乙烯亚胺	—	—	—	22
		160g/L 的 N,N,N',N'-四羟乙基乙烯二胺	15	—	—	—
光亮剂	光亮主剂	10g/L 的二乙氧基丁炔二醇醚	1	—	—	—
		20g/L 的丙烷磺酸吡啶鎓盐	—	1.5	—	—
		30g/L 的 N-苯基-3-羧基吡啶氯	—	—	2	—
		40g/L 的四乙烯五胺	—	—	—	2.5

续表

原料			配比（质量份）			
			1#	2#	3#	4#
光亮剂	光亮主剂	10g/L 的香豆素	0.8	—	—	—
		15g/L 的三乙醇胺	—	0.8	—	—
		25g/L 的三乙烯四胺	—	—	0.8	—
		30g/L 的三乙烯四胺	—	—	—	0.3
		100g/L 的三乙烯四胺与环氧氯丙烷的反应物	1	—	—	—
		110g/L 的二乙烯三胺与环氧氯丙烷的反应物	—	1.2	—	—
		120g/L 的炔丙基磺酸钠与环氧氯丙烷的反应物	—	—	1.5	—
		130g/L 的六亚甲基四胺与环氧氯丙烷的反应物	—	—	—	2
	增白剂	50g/L 的芳香醛	0.3	—	—	—
		65g/L 的芳香醛	—	0.3	—	—
		80g/L 的芳香醛	—	—	0.5	—
		100g/L 的芳香醛	—	—	—	1
		20g/L 的烟酸衍生物	0.9	—	—	—
		30g/L 的烟酸衍生物	—	1.2	—	—
		40g/L 的烟酸衍生物	—	—	1.2	—
		50g/L 的烟酸衍生物	—	—	—	1.2
镍补加剂		360g/L 的硫酸镍	8	—	—	—
		380g/L 的碳酸镍	—	9	—	—
		400g/L 的氯化镍	—	—	10	—
		420g/L 的氨基磺酸镍	—	—	—	12
		40g/L 的二乙醇胺	1	—	—	—
		45g/L 的二乙醇胺	—	2	—	—
		50g/L 的二乙醇胺	—	—	3	—
		60g/L 的二乙醇胺	—	—	—	4
		50g/L 的 N,N,N',N'-四羟乙基乙烯二胺	1	—	—	—
		60g/L 的 N,N,N',N'-四羟乙基乙烯二胺	—	2	—	—
		70g/L 的 N,N,N',N'-四羟乙基乙烯二胺	—	—	2.5	—

续表

原料		配比（质量份）			
		1#	2#	3#	4#
镍补加剂	80g/L 的 N,N,N',N'-四羟乙基乙烯二胺	—	—	—	2
	30g/L 的三乙烯四胺和环氧氯丙烷反应产物	2	—	—	—
	35g/L 的三乙烯四胺和环氧氯丙烷反应产物	—	3	—	—
	40g/L 的三乙烯四胺和环氧氯丙烷反应产物	—	—	3.5	—
	50g/L 的三乙烯四胺和环氧氯丙烷反应产物	—	—	—	3

制备方法 将各组分原料混合均匀即可。

原料介绍 该碱性无氰电镀锌镍合金添加剂包括如下质量份的各组分：50～80 份的络合剂，4～7 份的光亮剂，以及 12～21 份的镍补加剂。

所述光亮剂包括光亮主剂及增白剂。

所述络合剂包括羟基羧酸、胺类物及聚胺类化合物。

所述羟基羧酸为酒石酸、柠檬酸、甘氨酸、乙醇酸、葡萄糖酸、α-氨基丁酸及硫代乙醇酸中的一种或多种。

所述胺类物为二乙醇胺、三乙醇胺、乙二胺、二乙烯三胺、三乙烯四胺、四乙烯五胺、六亚甲基四胺及其衍生物中的一种或多种。

所述聚胺类化合物为聚乙烯亚胺、聚丙烯胺、聚丁烯胺、N-(2-羟乙基)-N,N',N'-三乙基乙烯二胺、N,N,N',N'-四羟乙基乙烯二胺、N,N,N',N'-四羟乙基丙烯二胺中的一种或两种。

所述光亮主剂为二乙氧基丁炔二醇醚、聚乙烯亚胺、丙烷磺酸吡啶鎓盐、N-苯基-3-羧基吡啶氯、葫芦巴碱、香豆素、炔丙基磺酸钠、二乙醇胺、三乙醇胺、乙二胺、二乙烯三胺、三乙烯四胺、四乙烯五胺及六亚甲基四胺分别与环氧氯丙烷的反应物中的一种。

所述增白剂包含至少一种芳香醛及至少一种烟酸衍生物。

所述镍补加剂为硫酸镍、氯化镍、碳酸镍、氨基磺酸镍及甲基磺酸镍中的一种或多种。

该电镀液包含浓度为 10～11g/L 的锌离子 12～15 份、浓度为 100～130g/L 的碱液 20～30 份、浓度为 50～80mL/L 的络合剂 50～80 份、浓度为 12～21mL/L 的镍补加剂 12～21 份及浓度为 4～7mL/L 的光亮剂 4～7 份，余量为水。

所述碱液为氢氧化钠溶液或氢氧化钾溶液。

所述的锌离子主要来源于可溶性锌盐，如硫酸锌、碳酸锌、乙酸锌、氨基磺酸锌及酒石酸锌等化合物。

产品应用 碱性无氰电镀锌镍合金电镀液的电镀方法包括如下步骤：

（1）向体积为 500mL 赫尔槽中加入 250mL 水，依序加入预定量的氢氧化钠及氧化锌并搅拌溶解，形成电解液主液。具体地，向赫尔槽添加蒸馏水，直至液位达到赫尔槽体积的 1/2，随后依序加入 60g 氢氧化钠及 20g 氧化锌，并持续进行搅拌，以快速导出碱液进入水中时产生的热量，防止赫尔槽急剧放热，从而保证作业的安全性。搅拌作业后，形成含有 120g/L 的氢氧化钠及 8g/L 的锌离子的电解液主液，该电解液主液为电解作业提供碱性环境及锌离子，以利于电解作业的持续进行。在具体生产中，可依据赫尔槽的实际大小对各组分的添加量进行换算，各组分的放大比或缩小比与赫尔槽的预设大小和实际大小的比值一致，于此不再赘述。

（2）电解液主液自然降温至 30℃ 以下后，依序向赫尔槽中添加 25mL 络合剂、6mL 镍补加剂及 2mL 光亮剂，并持续搅拌，使其形成均匀混合溶液。

具体地，分别将 20g/L 的 α-氨基丁酸 6mL、120g/L 的二乙醇胺 8mL、160g/L 的 N,N,N',N'-四羟乙基乙烯二胺 7.5mL 及 160g/L 的三乙烯四胺的衍生物 8.5mL 混合配制形成络合剂；将 10g/L 的二乙氧基丁炔二醇醚 0.5mL、100g/L 的三乙烯四胺与环氧氯丙烷的反应物 0.5mL、50g/L 的芳香醛 0.15mL、20g/L 的烟酸衍生物 0.45mL 及 10g/L 的香豆素 0.4mL 混合配制形成 2mL 光亮剂；将 360g/L 的硫酸镍 4mL、40g/L 的二乙醇胺 0.5mL、50g/L 的 N,N,N',N'-四羟乙基乙烯二胺 0.5mL 及 30g/L 的三乙烯四胺和环氧氯丙烷反应产物 1mL 混合配制形成 6mL 镍补加剂，并将三者依序加入赫尔槽中，同时持续搅拌，以使得赫尔槽中形成均匀混合溶液。

（3）继续向赫尔槽中补加水，直至液位达到赫尔槽体积的 80%，形成电解液。

（4）将 20cm×6cm 的铁片放置在赫尔槽的阳极，在电解液温度为 26℃ 条件下，向赫尔槽中通入 2A 电流对铁片持续电镀 20min，直至铁片表面形成均一镀层，至此，即完成铁片表面的电镀作业。

适用的基材还可以是钢、铜、铜合金及铝合金等金属基材，也就是说，可用钢、铜、铜合金及铝合金等金属基材替代铁片进行电镀作业，以实现各金属基材表面的镀膜，提升金属基材表面的强度、耐蚀性并改善其表面特性，从而延长其使用寿命并扩大其使用范围。在实际电镀作业过程中，可根据生产条件将电镀液的温度调整至 23～28℃ 之间，并使电镀作业的电流密度介于 0.5～8A/dm^2 之间，且赫尔槽的阴阳极面积比介于（1.5∶1）～（3∶1）之间，优选的赫尔槽的阴阳极面积比为 2∶1，以利于电镀作业的有效进行。

产品特性

（1）所述碱性无氰电镀锌镍合金添加剂，在其加入电镀液中对钢铁件进行电镀作业时，可提升钢铁件上镀层的光亮度，使镀层达到接近镀镍色泽全光亮的效果，且出光速度快，提升了钢铁件电镀作业的效率；同时，电镀作业时所需光亮剂较少，络合剂的添加使得电镀液始终保持稳定状态，镀层结合力较好，镀层的耐腐蚀性能提升，且镀层的电流效率增大，从而提升了电镀作业的效果。

（2）络合剂是可与金属离子形成络合离子的化合物，可防止电镀液中的金属离子反应产生沉淀物，以利于钢铁件表面镀膜作业的进行。其中，α-氨基丁酸作为一种羟基羧酸，其络合能力较强，容易生物降解，减小了对环境的影响，但此类络合剂的分散能力较差，一定程度制约了电镀液的流动性及均匀性。二乙醇胺及三乙烯四胺均为胺类物络合物，此类络合物的络合能力较差，在碱液中的稳定性较强，因此常作为络合辅助剂使用，以提升络合剂整体乃至电镀液在碱液中的稳定性，以保证电镀作业的持续进行。N,N,N',N'-四羟乙基乙烯二胺是一种聚胺类络合物，其螯合能力较差，但阻垢性能较好，且有吸附杂质的功能，并具有良好的胶体特性和分散作用。本品采用羟基羧酸、胺类物及聚胺类化合物等三大类的络合剂共同作用，各类络合剂相互配合并弥补不足，有利于提升络合剂的络合能力，进而提高电镀液的质量。

（3）光亮剂是用于提升金属表面光亮度的物质，具体地，光亮剂通过表面活性剂除去停留在金属表面的油污、氧化及未氧化的表面杂质，以保持物体外部的洁净、光泽度及色牢度。二乙氧基丁炔二醇醚又称 BEO，其作为光亮剂的主剂，用于与金属表面的氧化物发生反应，以除去金属表面的氧化层，达到提升金属光泽度的目的。三乙烯四胺与环氧氯丙烷反应过程中将产生多种异构的反应产物，此类反应产物同样与金属表面的氧化物发生反应，以进一步提升金属表面的光泽度。

（4）芳香醛及烟酸衍生物主要作为增白剂使用，其通过把金属制品吸收的不可见的紫外线辐射转变成紫蓝色的荧光辐射，与金属表面原本的反射光互为补色形成白光，从而达到提升金属制品白度的目的。优选的芳香醛为大茴香醛与亚硫酸氢钠的反应物，烟酸衍生物为葫芦巴碱盐酸盐。需要说明的是，在实际生产中，还可根据生产条件选用其他具有增白性能的物质作为增白剂添加至碱性无氰电镀锌镍合金添加剂中，于此不再赘述。

（5）镍补加剂用于向电镀液中补充镍离子，保证电镀液中始终含有高浓度的镍离子，促进电镀反应的正向进行，以加快镀层的生成。本品采用硫酸镍作为镍补加剂进行添加，硫酸镍是一类常见的镍补加剂，可为电镀液提供充足的镍离子。需要说明的是，通过在镍补加剂中添加二乙醇胺、N,N,N',N'-四羟乙基乙烯二胺及三乙烯四胺和环氧氯丙烷反应产物，可促进镍补加剂与光亮剂及络合剂的溶解混合，以利于镍离子在添加剂及电镀液中混匀，以保证电镀反应的平稳进行。

配方 **24** 硫酸体系光亮电镀液的添加剂

原料配比

原料	配比（质量份）		
	1#	2#	3#
非离子表面活性剂	30	35	40
抗氧化剂	3	4	5
有机溶剂	4	6	8
辅助光亮剂	5	7	10
去离子水	加至100	加至100	加至100

制备方法 将各组分原料混合均匀即可。

原料介绍 所述非离子表面活性剂包括脂肪醇聚氧乙烯醚、脂肪胺聚氧乙烯醚、烷基醇酰胺聚氧乙烯醚、烷基醇酰胺中的一种。

所述抗氧化剂包括丁基羟基茴香醚、二丁基羟基甲苯、没食子酸丙酯、叔丁基对苯二酚、硫代二丙酸二月桂酯中的一种。

所述辅助光亮剂包括炔醇类添加剂、丙烷磺酸吡啶鎓盐、苯亚甲基丙酮中的一种。

产品特性 本品分散性很好，镀液抗氧化能力较好，镀层致密平滑，且抗变色性能好，镀层的可焊性能优良。并且，电镀液中不产生生物不可降解物质，降低了废水处理难度，对环境友好，完全符合环保标准要求。

配方 **25** 酸性锌镍合金电镀添加剂

原料配比

原料		配比（质量份）				
		1#	2#	3#	4#	5#
光亮剂	4-苯基-3-丁烯-2-酮	20.3	20	22.5	10	30
	丁炔二醇	9	12.5	11.3	10	22.5
	邻苯甲硫酰亚胺	15.8	17.5	11.3	10	12.5
配位剂	苯甲酸钠	7.5	12	7.5	17	10
	三乙醇胺	15	18	11.3	18	10
	水杨酸钠	7.5	10	6.3	10	10

原料		配比（质量份）				
		1#	2#	3#	4#	5#
表面润湿剂	多乙烯多胺	56（体积份）	53（体积份）	58（体积份）	53（体积份）	60（体积份）
	乙磺醇酸钠	49（体积份）	45（体积份）	50（体积份）	45（体积份）	50（体积份）
	聚乙二醇PEG600	35（体积份）	42（体积份）	37（体积份）	42（体积份）	55（体积份）
纯水		加至1L	加至1L	加至1L	加至1L	加至1L

制备方法 将各组分混合均匀即可。

原料介绍 所述酸性锌镍合金电镀添加剂，包括 30～65g/L 光亮剂、20～45g/L 络合剂和 140～165mL/L 表面润湿剂。

所述光亮剂由 40%～55% 的 4-苯基-3-丁烯-2-酮、15%～25% 的丁炔二醇和 20%～35% 的邻苯甲硫酰亚胺组成，优选 40%～50% 的 4-苯基-3-丁烯-2-酮、20%～25% 的丁炔二醇和 25%～35% 的邻苯甲硫酰亚胺。

所述络合剂由 20%～50% 的水杨酸钠、25%～55% 的三乙醇胺和 10%～25% 的苯甲酸钠组成，优选 25%～30% 的水杨酸钠、45%～50% 的三乙醇胺和 20%～25% 的苯甲酸钠。

所述表面润湿剂由 32%～45% 的多乙烯多胺、25%～40% 的乙磺醇酸钠和 15%～30% 的聚乙二醇 PEG600 组成，优选 37%～40% 的多乙烯多胺、32%～36% 的乙磺醇酸钠和 25%～30% 的 PEG600。

产品应用 本品是一种酸性锌镍合金电镀添加剂。电镀液的配方包括 40～45g/L 氯化锌、100～120g/L 氯化镍、100～120g/L 氯化钾、30～65g/L 光亮剂、20～45g/L 络合剂和 140～165mL/L 表面润湿剂。电镀液的制备方法如下。

（1）在容器中加入纯水并水浴加热，待水温上升至 40℃ 左右时，依次加入氯化锌、氯化镍和氯化钾并进行充分搅拌，得到混合液 A；

（2）向所述混合液 A 中依次加入光亮剂、络合剂和表面润湿剂并混合均匀，得到混合液 B；

（3）加入硼酸调节所述混合液 B 的 pH 值在 5.0～5.5 范围，于容器中补加纯水，混合均匀后即可得到所述酸性锌镍合金电镀液。

产品特性

（1）本品适用于酸性锌镍合金电镀，在电镀过程中光亮剂可吸附在阴极电极表面，有效提高了镀层的整平能力和光泽度。络合剂可与锌镍离子络合形成络合离子，提高阴极极化，使得镀层结晶细致，平整光滑；表面润湿剂可降低析出气体在阴极电极表面的滞留，在电镀过程中光亮剂、络合剂和表面润湿剂通过协调作用使镀层晶粒形核速率大于生长速率从而达到镀层结晶细化的目的，有效提高了镀层的平整度和光泽度，显著改善了镀层的针孔麻点外观。

（2）本品施镀温度在30℃即可，且施镀时间短（10～25min），可有效节省能源，提高生产效率。

配方 26　通用型电镀添加剂

原料配比

原料	配比/（mg/L）		
	1#	2#	3#
酒石酸钠	14.5	12	17
柠檬酸钠	10.8	9.5	12
亚苄基丙酮	60	56	64
2-巯基苯并咪唑	37	34	40
2-乙基己基硫酸钠	28.5	27	30
烯丙基硫脲	8	7	9
水	加至1L	加至1L	加至1L

制备方法　将各组分混合均匀即可。

产品特性

（1）本品的通用型电镀添加剂可适用于多种电镀工艺，如镀铜、镀锌、镀铜锌合金等，且均大大改善电镀产品的表面镀层平整度、光泽度，还可显著提高耐腐蚀性能，改善镀层硬度，以及使镀液的电流效率、分散能力等性能均得到很好的改善。

（2）本品用于镀铜锌合金的电镀工艺，镀层（厚度为10μm）的光泽度可达到347Gu，盐雾试验超过1000h无腐蚀，镀层硬度得到改善，且镀锌镀液的电流效率、分散能力等性能均得到很好的改善。

配方 27　钨及其合金基体上电镀铼涂层添加剂

原料配比

原料	配比（质量份）			
	1#	2#	3#	4#
3-甲氧基-4-羟基苯甲醛	0.012	0.015	0.01	0.025

原料	配比（质量份）			
	1#	2#	3#	4#
苯甲酸	0.006	0.01	0.002	0.018
对苯醌	0.063	0.065	0.056	0.07
四乙烯五胺	0.009	0.012	0.005	0.015
邻苯甲酰磺酰亚胺钠	0.043	0.045	0.034	0.05
聚丙烯酰胺	0.057	0.06	0.045	0.075
二乙醇胺	0.009	0.01	0.005	0.01
聚合氯化铝	0.024	0.03	0.015	0.035
抗坏血酸	0.007	0.009	0.005	0.01
去离子水	加至1L	加至1L	加至1L	加至1L

制备方法　称取各添加剂原料，将添加剂各原料加入去离子水中并密封，用磁力搅拌器加热至70～90℃并保温10～30min，使各原料充分溶解之后，即得所述一种钨及其合金基体上电镀铼涂层添加剂。

产品特性　本品可适用于纯钨基体以及其他钨合金基体电镀铼涂层。本品通过加入通过3-甲氧基-4-羟基苯甲醛、苯甲酸、对苯醌、四乙烯五胺、邻苯甲酰磺酰亚胺钠、二乙醇胺、抗坏血酸等，可以释放表面应力，提升镀层表面的平整度和光泽度，尤其是可以抑制铼涂层裂纹的产生。同时在酸性环境下，对苯醌与电镀时生成的氢气有很好的亲和性，可以将生成的气体及时带出，不会使气孔继续萌生，发展成裂纹，这使得到的镀层致密且无裂纹存在；聚合氯化铝及聚丙烯酰胺的加入可以将杂质沉降，以保持镀液澄清，增加镀液可重复使用次数，节约生产成本。因此，本品通过多种组分共同作用使得本添加剂有助于提升镀层表面的平整度和光泽度以及抑制铼涂层裂纹的产生，使得到的镀层致密且无裂纹存在，从而能够提高电镀铼层的质量。

配方 **28** 锌镍电镀添加剂

原料配比

原料	配比（质量份）			
	1#	2#	3#	4#
天然树胶	60	50	65	60

续表

原料		配比（质量份）			
		1#	2#	3#	4#
玻璃短纤维	直径为0.14mm，长度为15mm	8	—	—	—
	直径为0.10mm，长度为6mm	—	10	—	—
	直径为0.18mm，长度为25mm	—	—	5	—
	直径为0.15mm，长度为10mm	—	—	—	10
有机络合剂	丙三醇	20	—	—	—
	乙二醇	—	25	—	—
	聚乙二醇	—	—	15	—
	三羟甲基乙烷	—	—	—	25
亚硫酸盐	无水亚硫酸钠	15	—	—	—
	焦亚硫酸钠	—	25	—	—
	亚硫酸氢钠	—	—	10	—
	工业硫代硫酸钠	—	—	—	25
羟基表面活性剂	脂肪醇羟基表面活性剂	3	—	—	—
	山梨醇羟基表面活性剂	—	5	—	—
	羟基磷酸酯表面活性剂	—	—	2	—
	脂肪醇羟基表面活性剂和山梨醇羟基表面活性剂的重量比为1:1	—	—	—	5
水		95	100	90	100

制备方法 将天然树胶、玻璃短纤维、有机络合剂、亚硫酸盐、羟基表面活性剂和水混合，于反应釜中保温 70～85℃，100～150r/min 搅拌 5～10min，制成所述的锌镍电镀添加剂。

原料介绍 所述的天然树胶为阿拉伯树胶、沙枣胶和瓜尔胶中的至少一种。

所述的玻璃短纤维的直径为 0.10～0.18mm，长度为 6～25mm。

所述的有机络合剂为丙三醇、乙二醇、聚乙二醇、三羟甲基乙烷、季戊四醇、木糖醇和山梨醇中的至少一种。

所述的亚硫酸盐为无水亚硫酸钠、焦亚硫酸钠、亚硫酸氢钠和工业硫代硫酸钠中的至少一种。

所述的羟基表面活性剂为脂肪醇羟基表面活性剂、山梨醇羟基表面活性剂和羟基磷酸酯表面活性剂中的至少一种。

产品应用 锌镍电镀添加剂在锌镍镀液中的用量为 0.8～6mL/L。

产品特性 本品的天然树胶作为光亮剂，可使得镀层光亮细致，玻璃短纤维作为增强剂可解决锌镍电镀层耐腐蚀性差的问题。本品采用的有机络合剂、亚硫酸盐、羟基表面活性剂均为绿色环保材料，不会给环境造成污染。

配方 **29** 镀层耐腐蚀性能优异的锌镍电镀添加剂

原料配比

原料		配比（质量份）
光亮剂	环氧氯丙烷	25
	六亚甲基四胺	20
	巯基苯并咪唑	15
	糖精钠	6
	香兰素	3
	4-甲基苯甲醛	2
增强剂	苯亚磺酸钠	10
表面活性剂	二乙基己基硫酸钠	3
络合剂①	三乙醇胺	15
络合剂②	醋酸钠	10
水		300

制备方法

（1）主要光亮剂配制：于反应釜中，按质量份配比将环氧氯丙烷、六亚甲基四胺、巯基苯并咪唑混合，加入其总量 30～40 倍的水，加热至 60～75℃，复配 20～30min 得到主要光亮剂；

（2）次级光亮剂配制：按质量份配比将糖精钠、香兰素混合，加入其总量

20～25 倍的水，搅拌加热至 60～75℃，复配 10～15min 的复配产物为次级光亮剂；

（3）光亮剂制备：混合使得（1）所得主要光亮剂占光亮剂总量 70％，（2）所得次级光亮剂占光亮剂总量 25％，加入 4-甲基苯甲醛（体积分数为 20％）作为辅助光亮剂，占光亮剂总量 5％，得光亮剂；

（4）添加剂复配：将（3）所得光亮剂与增强剂、络合剂①和②及其他剩余原料混合，于反应釜中保温 70～85℃，100～150r/min 搅拌 5～10min，制成。

原料介绍　所述表面活性剂可以为二乙基己基硫酸钠或十二烷基苯磺酸钠。

所述络合剂①可以为乙烯二胺、乙烯三胺、三乙醇胺、乙二胺、四乙烯五胺中的一种或几种。

所述络合剂②可以为酒石酸钾钠、甘氨酸钠、柠檬酸钠、尿素、5,5-二甲基乙内酰脲和醋酸钠中的一种或几种。

产品特性

（1）锌酸盐镀锌溶液中，一般采用有机胺作为络合剂①，有机胺中使用较多的有乙烯二胺、乙烯三胺、三乙醇胺。本配方中使用的络合剂①为三乙醇胺，它与锌离子和镍离子都能形成络合离子，使得电镀时镀液中的锌镍离子含量比较稳定，从而使得电镀溶液比较稳定，有利于镀液的维护，同时保证了镀层中的锌镍离子含量比也比较稳定。

（2）络合剂②对碱性 Zn-Ni 合金镀液的稳定性起着至关重要的作用，且络合剂②与金属离子络合后还能显著地增大阴极极化，有利于镀层质量的提高。本品的络合剂②包括：乙酸钠、酒石酸钾钠、甘氨酸钠、柠檬酸钠和尿素等中的一种或几种。其中，采用醋酸钠作为络合剂②，在弱碱性镀液中电沉积得到了镀层镍含量为 8％～15％的 Zn-Ni 合金，其中镍盐的主要来源为六水合硫酸镍铵，六水合硫酸镍铵在溶液中并不稳定，会水解生成氨水，氨水的生成不仅会起到缓冲剂的作用，还能对锌离子和镍离子产生一定的络合作用。

（3）添加剂吸附在电极表面会对锌络合离子和镍络合离子的放电起到阻碍作用，由于阴极表面凸起处电力线较为集中，导致添加剂更容易吸附在阴极凸起部位，使得凸起部位的 Zn-Ni 合金沉积受到抑制，从而得到光亮而平整的表面。以环氧氯丙烷与六亚甲基四胺、巯基苯并咪唑的反应产物为主要光亮剂，4-甲基苯甲醛为辅助光亮剂，得到了碱性锌酸盐体系 Zn-Ni 合金镀液，该体系能够代替氰化物镀液，该体系中 Zn-Ni 合金共沉积由扩散过程控制，表现为异常共沉积。香兰素作为第二类光亮剂和整平剂，可使镀层光亮细致；二乙基己基硫酸钠作为表面活性剂，能够抑制析氢，可获得无针孔的镀层。

（4）二乙基己基硫酸钠可以在固体表面形成定向吸附层，降低界面自由能，从而有效地改变固体的润湿性，降低表面张力，使氢气快速地从镀层表面脱出，从而避免针孔的产生。

（5）所得产品添加剂用于镀锌镍加工，添加至锌镍镀液中，浓度为 40～60g/L，所得锌镍镀层，经过 1000h 盐雾试验后，锌镍合金镀层的表面只有轻微变化，说明锌镍合金镀层的耐腐蚀能力强。锌镍合金镀层原子之间的孔隙很小，从而使其具有良好的耐腐蚀能力。

参考文献

中国专利公告

CN—201810602920. 9
CN—201310099924. 7
CN—201310450416. 9
CN—201610863759. 1
CN—201810352080. 5
CN—201810351953. 0
CN—201510551322. X
CN—200910187529. 8
CN—201610015009. 9
CN—201610015006. 5
CN—200610147751. 1
CN—201210054589. 4
CN—201410031854. 6
CN—201110082104. 8
CN—201510042525. 6
CN—201710205451. 2
CN—201210135831. 0
CN—201710592413. 7
CN—201610014704. 3
CN—201610014811. 6
CN—201210538400. 9
CN—201710205452. 7
CN—201210385122. 8
CN—201510204593. 8
CN—201811654054. 4
CN—201910124738. 1
CN—202210091300. X
CN—202010805999. 2
CN—201811554648. 8
CN—201810007999. 0
CN—201711310025. 1
CN—201110366310. 1
CN—201611047870. X
CN—201711391150. X
CN—201710424694. 5
CN—201110137841. 3
CN—201611069024. 8
CN—201310127438. 1

CN—201210471247. 2
CN—201410239764. 6
CN—201410099399. 3
CN—201810049209. 5
CN—201310158298. 4
CN—201710604183. 1
CN—201410420425. 8
CN—201510814152. X
CN—201710424596. 1
CN—201810363608. 9
CN—201711495232. 9
CN—201611231030. 9
CN—201610012636. 7
CN—201510474643. 4
CN—201511033581. X
CN—201610904787. 3
CN—201010568639. 1
CN—201711285149. 9
CN—201010501430. 3
CN—201410809960. 2
CN—201210361877. 4
CN—201210385123. 2
CN—201610983129. 8
CN—201710256008. 8
CN—201610508194. 5
CN—201410776423. 2
CN—201310055814. 0
CN—201610746225. 0
CN—201710506628. 2
CN—201210253001. 8
CN—201510282629. 4
CN—201610581563. 3
CN—201310569743. 6
CN—201610675449. 7
CN—200710139349. 3
CN—201210520398. 2
CN—201611070383. 5
CN—201711074952. 8

CN—201610298566. 6
CN—201410142208. 7
CN—201310600866. 1
CN—201511033608. 5
CN—201711303970. 9
CN—201710568155. 9
CN—201410351479. 3
CN—201710686754. 0
CN—201610851223. 8
CN—200710065899. 5
CN—201110290891. 5
CN—201710804912. 8
CN—201710805306. 8
CN—201710804913. 2
CN—201310486817. X
CN—201711311235. 2
CN—201310500144. 9
CN—201310720288. 5
CN—201510089124. 6
CN—201210032085. 2
CN—201010299325. 6
CN—201310466114. 0
CN—201410582133. 4
CN—200910061878. 5
CN—201010568626. 4
CN—201810022784. 6
CN—201810530462. 2
CN—201711022904. 4
CN—201711457482. 3
CN—201010242946. 0
CN—201710146980. X
CN—201710897422. 7
CN—201210054607. 9
CN—201710510723. X
CN—201810363629. 0
CN—200810025888. 9
CN—201610296400. 0
CN—201810022739. 0

CN—201110026591.6　　CN—201110432771.4　　CN—201910646655.9

CN—201510615034.6　　CN—201110432778.6　　CN—201811263602.0

CN—201510900029.X　　CN—201711403692.4　　CN—202010385991.5

CN—201711426460.0　　CN—201610123989.4　　CN—202011627474.0

CN—201510866138.4　　CN—201110432785.6　　CN—202011574738.0

CN—201510543919.X　　CN—201611039015.4　　CN—201711056809.6

CN—201610013697.5　　CN—201610822767.1　　CN—201510829463.3

CN—201310520820.9　　CN—201410766852.1　　CN—201210054597.9

CN—201610742233.8　　CN—201110454865.1　　CN—201410000037.4

CN—201610423853.5　　CN—201610271871.6　　CN—201510340955.6

CN—201810983278.3　　CN—201310100043.2　　CN—202010666465.6

CN—201210590550.4　　CN—201110438162.X　　CN—201911331689.5

CN—201210592357.4　　CN—201110423829.9　　CN—201610320958.8

CN—201110253817.6　　CN—201110423951.6　　CN—201210024712.8

CN—201410245556.7　　CN—201110454860.9　　CN—201310046888.8

CN—201811471914.0　　CN—201110423828.4　　CN—201210493450.X

CN—201811346418.2　　CN—201610666074.8　　CN—201110366447.7

CN—201910458563.8　　CN—201110432782.2　　CN—201110047040.8

CN—201810722635.0　　CN—201610701767.6　　CN—201811490676.8

CN—201910067334.3　　CN—201410850662.8　　CN—201811132651.0

CN—201910816052.9　　CN—201110432775.2　　CN—201911233137.0

CN—201911046805.9　　CN—201110438350.2　　CN—201811132657.8

CN—201910224263.3　　CN—201510102113.7　　CN—201810757838.3

CN—201811471913.6　　CN—201110241598.X　　CN—201910569073.5

CN—201911051922.4　　CN—201110241599.4　　CN—201810757830.7

CN—201811430510.7　　CN—201710195862.8　　CN—202010545064.5

CN—201910522767.3　　CN—201210270250.8　　CN—202010614953.2

CN—202110051875.4　　CN—201510970235.8　　CN—202111634304.X

CN—202110653238.4　　CN—201810172377.3　　CN—201911233137.0

CN—202110629464.9　　CN—201110438180.8　　CN—202011522617.1

CN—202110477776.2　　CN—201410289784.4　　CN—202210164131.8

CN—201510017365.X　　CN—201210152172.1　　CN—202010051233.X

CN—201610119476.6　　CN—201910250853.3　　CN—202110836221.2

CN—200510122245.2　　CN—201811346417.8　　CN—202011229682.5

CN—201710535485.8　　CN—201910646655.9　　CN—201910569073.5